U0155567

小日子茶

唐丽娟 著

成都时代出版社

一茶、两盏

三餐、四季，和你

图书在版编目（CIP）数据

小日子茶 ／ 唐丽娟著．－－成都：成都时代出版社，2021.5

ISBN 978-7-5464-2805-5

Ⅰ．①小…　Ⅱ．①唐…　Ⅲ．①茶文化－通俗读物　Ⅳ．① TS971.21-49

中国版本图书馆 CIP 数据核字（2021）第 062765 号

小日子茶
XIAO RIZI CHA

唐丽娟　著

出 品 人	李若锋
责任编辑	李卫平
责任校对	龚爱萍
封面设计	许天琪
装帧设计	成都九天众和
责任印制	张　露

出版发行	成都时代出版社
电　话	（028）86742352（编辑部）
	（028）86615250（发行部）
网　址	www.chengdusd.com
印　刷	成都市金雅迪彩色印刷有限公司
规　格	125mm×206mm
印　张	6.5
字　数	105 千
版　次	2021 年 5 月第 1 版
印　次	2021 年 5 月第 1 次
书　号	ISBN 978-7-5464-2805-5
定　价	56.00 元

序 言

　　她们两位，前前后后，与我互通电话数年，却阴差阳错，从未见过。那天，棱子偕小唐，到成都东站接我。来之前，她俩上网搜我的照片，指望按图索骥。未料，寻得若干，张张庸常，均不符想象，便索性凭着感觉，到出站口守株待兔。

　　棱子做过我文章的责编，小唐是棱子的知己。交情延展开来，始有这日三人握手。我们进得城中，回到小唐做老板的茶叶有限公司。公司坐落在成都有名的银杏街上。每年黄金时节，总有那么几天，游人如织，环卫工人会接到指令，放任叶片飘零，以营造"纯天然"的景象。

　　古董级别的锦里，是蓉城王牌旅游地。如果用拟人手法，古街就像一位阅历非凡的老者，衣裳、配饰源自明末清初，生理、心理则是典型的川西民俗。于是，对本地、外地的人，皆能放射出春夏秋冬风流无限的吸引。

　　小唐公司所在的大道，位居锦里西北，叫锦里西路，等于是说，濡染着锦里的福气，却又远离古街的沸腾。事实上，此处确乎风水宝地。往西北不远，是杜甫草堂；往东北不远，是宽窄巷子。周围二三百米距离的沧浪桥、琴台路、百花潭公园，在很久很久的从前，便有了独家履历，并一概区别于口口相传的故事，而是印进书里、刻在碑上的"历史"。

　　公司门前，十米开外，竖立着"唐代罗城门遗址"的标志，由此朝右，一条小马路，沿水流缓缓的锦江，幽幽南去。两侧杂树繁花，混植垂柳、丹桂、海棠、玉兰、银杏，间或丛丛斑竹，在岸边人家窗前，被修剪成实用的绿篱。

　　卖茶，不似卖酒；喝茶，更不似喝酒。好茶进嘴，会跟好酒入口一样，内行一品，都会冒出一声"好"，但轨迹则大有区别：前者的好，往往与茶水结伴同行，慢慢地咽下去；后者的好，则通常与酒水背道而驰，急急地喊出来。又比方，二人对品佳茗，常常语少，且轻声；二人对饮琼浆，屡屡话稠，且高噪。总而言之，茶容易让人谦和，气息抑下来；酒容易让人自得，情绪扬上去。于是，小唐公司的位置，妥帖到不可思议，既离酒楼闹市一箭之遥，又与茶肆雅居相得益彰。时间久了，在慢条斯理过日子的蓉城，公司脱颖而出。

似乎不止一个秋天，逢银杏叶洋洋洒洒，我与朋友坐于小唐的茶室，无声地喝茶，却忘掉说话。一排长长的落地窗外，无数金色叶片，洒脱坠落，仿佛挟带风声，透窗入耳，而着地的瞬间，又似有足音，让人心颤，竟一时难辨喜耶悲耶。古语告诫："少不入川，老不出蜀。"针对的就是四川的安逸。作为川人，自己少时偏偏出川，羁旅漂泊，老又不得其门而归。一辈子失策失误，失却了多少人生滋味。在一个"来了就不愿走"的下午，为了表达心意，我给小唐的公司，取了个别名：慢生活体验基地。

总是不断有人进来，生人，熟人，好朋友，回头客。检索诸位，大致可以看出，通常忙得不可开交的人，多无闲暇惠顾；而光临的男男女女，多是面容平稳、肝火不旺的慢性子。这些适宜此处节奏的知音，缓缓地走路，轻轻地说话，哪怕是询价，亦是悄言细语。渐渐知道，来客登门，缘由不一，有的来买茶，有的来看茶，有的来喝茶，有的来听茶。

——茶是可以听的么？

人们以上课般的虔诚，商讨般的自在，游戏般的快乐，四围而坐。小唐，这位自称"买卖树叶子"的淑女，坐于长桌上首，以其二十多载的"盘茶"心得，叙说茶经茶道、茶源茶史、茶情茶理、茶心茶意。大致半月一回的频率，成了友朋盼望的保留节目。

一晃三五个年头过去，小唐传道授业的笔记，已存有厚厚一叠，有点集腋成裘的意思了。有一天，闺蜜数人，翻看那些卡片，突然几乎异口同声，顽皮地叫唤起来，打破了惯常的宁静："唐总，盘点一下嘛，出本书噻。"

于是，玩笑成真，春天过去，便有了一本由小唐所言组合的读物，不妨称作"唐说"吧。

任芙康

任芙康：文学批评家，编审。多次担任郁达夫小说奖、鲁迅文学奖等多种奖项评委。第七届、第九届茅盾文学奖评委。

目 录 CONTENTS

好的茶山并没有路
走的人多了也没有路

这几个月里，身边各行业逐渐开始复工，生活一点点恢复常态，那些惶恐的日子终会过去。忘掉痛苦，相信我们脑海里关于那段时光的记忆会慢慢地只剩下美好的温暖的那部分；相信所有的好久不见，定会再见；相信所有被搁置的旅程，都将启程。

2020 年 5 月 22 日，来自德国、亚美尼亚、法国、瑞士、意大利 5 个国家的友人和我一行 9 人前往马边。尽管语言不通，翻译软件把我说的马边之行翻译成了马来西亚之行，但外国友人说他们懂的。因为信任，这次疫情之下的第一次远走终于成行。

9 人三辆车，中途被五马坪的风光所吸引，大家特意停车，欣赏风景。因为路上耽搁的时间长，历时 6 个多小时，才到达马边县城。

好客的马边蜀红茶厂的胡大哥为大家准备好了晚

餐。我在马边之行微信群里，让胡大哥从家里带一点马边"发粑"给老外们品尝，结果翻译软件翻译出来的是请他们"吃大便"。瑞士总领事在吃发粑的时候，说起了这个尴尬，好在他们也知道翻译软件多不靠谱，大家开心一乐也就过去了。胡大哥带来的马边发粑果然让他们赞不绝口。

次日早餐吃的是马边最有特色的抄手。然后一行人来到茶厂，参观黑茶制作。茶厂还准备了待客的农家九大碗。彝族接待贵客讲究的是九大碗九个菜。这同北方一些地区讲究双数吉利完全不同，怎么可以单数呢？原来这里喂猪是用石槽子，"吃十（石）碗的"是"骂人是猪"的隐语，所以不能用十碗菜来招待客人。当然了吃八碗也是有忌讳的，一般指给叫花子吃，这里就不多说了。吃九大碗是彝族人家接待尊贵客人的最高礼仪。

午饭之后，我们准备去野茶园。所谓喝茶是乐事，寻茶是苦事，经两小时山路后，两车道变成了单车道，马路旁边的防护栏也消失了，取而代之的是悬崖。曲折迂回的山路，逼仄狭窄，需要不断地鸣笛警示，提醒对面驶来的车辆。在海拔 1000 米的山体之间，在茂密的树林中穿梭，这是爱茶人向来忧心的。

　　好在路途虽险，但山河风景美不胜收，在经过一个弯道口的时候，通过旁边的悬崖可以直接看到我们过来的路。

进山的唯一方式就是徒步。找了一块平地停好车。带我们上山去的是为胡大哥茶厂组织采茶的小组长吉侯弟丁。吉侯弟丁是一位很帅的彝族小伙子，一路上给我们聊了很多彝族习俗。路上岩间不时见一株几株一丛几丛的野茶树，我要停下来观察，吉侯弟丁说这不算什么，到里面一点再去看吧。我问他是不是荒芜了的老茶园，他说不是，老人们都不知道这山上原始野茶从何时开始有的。只知道世世代代，这里的乡民每年春上都会上山采摘一些，手工做几斤茶日常喝。老人们说这些野茶是天生的，东一株西一株岩缝里长石缝里生，靠年年月月的风吹鸟衔得以繁衍。

　　荒野茶与野生茶不同，荒野茶是指人工种植后没有管理，或种植过程中中断管理，任其自然生长，不添加化肥和农药，成为类似有机种植方式的茶树。由于长久没有管理，一般树株高大，有的高度可达四五米，采摘难度较大，费时费工，常常要把树干扳倒压低采摘。吉侯弟丁说当地人给荒野茶的采摘起了个形象的名字，叫"扳倒采"，有的干脆把树枝砍断拿回家采摘。由于荒野茶缺少管理，茶树生长粗放，所以相对采摘田园茶来讲不是很严格，采摘效率也较田园茶低很多。

吉侯弟丁边走边给我介绍，马边高山里的野生茶，没有使用肥料，生长较慢，有的高山野生茶一年只在春季发一次芽，其余季节不发芽，鲜叶中累积了丰富的物质。只是产量太少，发芽的时间也参差不齐，给采摘和制作带来一定难度。

陆羽在《茶经》中讲"野者上，园者次"。

这是一次很辛苦的寻访。野茶山并没有路，走的人多了也没有路。一个季节不来，路就被丛生的杂草掩没。不得不敬畏大自然超强的修复功能。加上正值高温天，山林密不透风，到处都是荆棘腐木，把茶青用人工从山里挑出来，需要两个小时的脚程。再过几年，谁还能吃这苦来采这里的茶！真不敢多想。

我还在低头专心找路，抬头一瞬间看见一棵野生茶树，被榕树包起来，和榕树相伴生长。榕树生长需要生态环境好。这是完全无人养护管理的一种生长形态，除了风吹树叶的瑟瑟声音，还有鸟鸣、虫鸣的双声重奏。

走进深深的林间，一抬眼，全是密布的野茶树，完全与周围古树生长在一起，因为野茶树主杆无法与其他树区分，总是在突然间发现。看到一款原始的灌木中叶种野茶树，看果和花苞及茶芽，保存着我所见

过的种植茶树或荒野茶树中没有的一些特征，我万分激动。它们或高或矮，或粗或细，藏匿在这酷热的崇山杂林，与朝云晚霞为伴，以春雨秋露为饮，兀自吐芽溢香。像与世隔绝的禅修大师般，在荒山静野里，留存与守候着那份原始的醇香。

它们的来处，只有它们自己知道，这不重要，重要的是它与我们的遇见。

准备下山的时候，我被一阵水声吸引。吉侯弟丁告诉我旁边有一条小溪。我兴奋地让他带我们去。果然，好山出好水，我们随着水源走上独木桥，完全不顾这密集的植被与藏在植被下看不见的虫蛇，被这冰凉、清澈、灵动的自然山泉水所惊艳。

一向爱茶、喜欢研究茶的亚美尼亚艺术家阿门双手捧水试喝，他给我们随行的翻译意大利女孩微安说，水冰凉的感觉一路下到喉咙，没有任何异味，这就是自然的魅力。法国领事克拉听他这样一说，也学着他捧水喝了起来。

光抵达野茶园就花掉了半天的时间，待不上两小时就得准备下山回程了。现实生活中，我们的节奏都很快。寻茶路上，我们都很慢，在这片空气中都充满香气的绵延山脉间盘山而行。坡陡，慢慢地走，风景美，慢慢地看，茶树在那一刻就是我们的远方。

在马边访茶的两天，天气都不错，第三天返蓉，雨却一直下，途中瑞士总领事的车在路上抛了锚，似乎马边的天、马边的茶，也在对我们依依不舍。

　　在此，借用德国驻成都总领事馆总领事鲁悟刚先生（Wdfgang Rudischhauser）朋友圈的文字为这次马边之行画一个圆满的句号："Thanks to our friends from Mabian，I learned everything about tea from the collection of the leaves to the best way to taste tea. Wonderful weekend in the beautiful landscape of Mabian! Looking forward to more such treasures to discover and to make many more good more friends in Szechwan!"（感谢马边的朋友们，让我了解了从采茶到品茶的最佳方式的方方面面。我在风景优美的马边度过了一个美好的周末！期待发现更多像这样的宝藏，并在四川结识更多朋友！）

春茶，
每一个茶人心中的期盼

　　春茶绝对是一年中茶叶市场关注热度最高的季节茶，大家都急着"抢一口鲜"，有些人更是只爱春茶中的"名山名茶"，以至名茶炒翻天，早春茶一上市就被高价抢售一空、供不应求，却忽略了清明、谷雨节气才是全国春茶大量上市的时间。

　　对于茶人而言，春季是一个十分重要的季节，人们常说春雨贵如油，春茶又何尝不是呢?

　　好茶知时节，当春乃发生。毫无疑问，从古至今，春茶无疑代表着茶的最高等级，经过了一个冬天的积蓄，最饱满的茶芽，将在春季出产。从内含物质的累积来看，春茶中水浸出物含量是最高的（水浸出物：指茶叶冲泡出的全部物质，诸如茶多酚、咖啡碱、可溶性糖、氨基酸、果胶、芳香物质等），其中体现茶汤鲜爽口感的茶氨酸含量相比其他季节是最高

的，所以春茶会特别的鲜爽，同时茶汤的香气也会有所改变。

对绿茶而言，春茶中的嫩香、栗香、兰花香更加明显，用茶农的话来说就是油煎蚕豆瓣的香味。而对红茶而言，春茶不但汤色比夏秋茶更好，更加的红亮，而且滋味也更加爽口、香甜。

对茶农而言，春季也是一年中最忙碌的季节，春茶的产量通常能达到全年的 40% 以上，有的地方甚至只做春茶。

对茶客而言，春季也是最幸福的季节，最美味的茶将在这个季节出产上市。曾听一个朋友说过，无论你喜欢的是绿茶、红茶、黄茶，还是青茶、黑茶、白茶，到了春天都一定要喝点儿绿茶尝尝鲜。春茶就好比时令菜肴一样，成为每个茶客一年中的期盼。

每年正月十五一过就不断有人询问新茶。很多地方在正月初就开始售卖新茶了，茶农抢鲜，商家抢市场，抓的都是人尝鲜的心理。茶谚有云：惊蛰过，茶脱壳。大家都认为春茶是好的，使得每年新茶上市前二十多天就有人不断问我新茶到了没有。

于是，很多朋友、同行会去选择一些低海拔的早熟品种。例如宜宾的春来早，这个品种的茶树生长海拔低，茶叶经过了一个冬天的孕育，营养是非常丰富的。但由于采摘的时间太早，茶叶都还没有脱壳，所以第一批新茶的苞壳很重。采摘过早，对茶树的损伤也很大。茶农心里着急，再加上商家信息的不对称，大家以为茶越早就越好、越贵，于是哄抢第一批新茶。商业炒作引起价格哄抬，最后很多人为了钱放弃了内心的执着。

前段时间有个拍卖，新茶炒到了几万元一斤。真正爱茶的人是否就一定喝到了呢？这个春天的第一杯茶就真的好吗？其实，茶叶即使做成后也不能马上喝——一是火性还没有退完，二是没有经过氧化的茶对胃黏膜的刺激也非常大。我因为做茶生意，以前每年新茶上市时，每天需要品各种刚做好的茶，喝得嘴都起泡。现在想来，其实我这种行为也很伤身体。但作为一个卖茶人，为了茶友能喝到好茶，我只能及时试茶，把好第一关。客人购买时，我也会告知新茶放半个月才能正常饮用。

其实，春茶求鲜还不如求好。好茶还是需要等，现在海拔高的老川茶芽苞都还没有冒出来，春节就有卖春茶的。明前茶应该是清明前后，但现在还是正月，万物才开始萌发，茶叶才开始脱壳，内里才开始明芽，这时的茶叶还在孕育，但商家只顾及市场，一味地抢早、求鲜。当然，这也可以理解，因为我们的顾客也十分着急。

这种错误的需求对四川茶的伤害很大，而且这种状况已经延伸到了全国许多地方。川茶出川变成了龙井，这种情况就是四川求早的典型表现。江南地域茶的成熟时间还晚一些，一开始外地茶商直接购买现成的鲜叶做成龙井茶，现在他们直接购买机器自己制作。20世纪90年代，商家为了抢商机夸大宣传早春茶。这让顾客也有了抢鲜心理，生怕自己错过了春天的第一杯茶。大家对头春的茶也是一种误解，而这种误解在商家的不断误导下被层层强化，就变成了现在抢早抢鲜的焦虑。

清明前，茶叶都非常娇弱，还没有舒展开，这时候的茶香是非常弱的，口感也不是很好。我也会去尝一下这时候的茶，但就像粮食还没有熟。一般第一批或最早的新茶都是不喝的，它口感里面都还有涩味，但就是这样的茶，很多商家也会拿出来销售，就是利用很多客人抢早的心理。

很多人以为这就是一种诗意，没有喝到早春头杯茶就觉得没有跟上风潮，不好意思发朋友圈。实际

上，这是虚荣，而不是需求。

朋友圈的春茶是一年比一年早，大多数人觉得是气候变化，但我还是觉得农作物还是要遵循时令。不管气候怎么变化，人的身体和农作物一样都应该去顺应本土时令，这与吃当季蔬菜是一个道理。逆时而行，有违天和。

四川竹叶青这类扁形茶独芽的要求，加上过早采摘，对茶树的损伤非常大。黄山毛峰、峨眉毛峰都是一芽二三叶。做茶的人最爱喝毛峰，因为四月底茶叶的内含物质最丰富，在阳光、雨水的配合下整体口感恰到好处。茶叶的风味需要经过一个冬天的营养储存来慢慢酝酿。

现在这些乱象很多都是资本的贪婪，茶农的盲目跟随，信息的不对称导致的，行业的发展有时候在利益驱动下会显得不够理性。鲜叶的价格这段时间确实被抬得很高，但不是价格高的茶就一定好。可现在我们也没有办法，买不到鲜叶，就做不出好茶。去年信阳毛尖就来抢鲜叶，外省做茶的厂商来原料大省四川抢购，我们还没有反应过来，鲜叶已经被信阳毛尖抢走了。还是那句谚语：惊蛰后茶脱壳。只有在这个时候，茶叶才是最好的。

3月初，真正的高山好茶还在孕育中。在此之前上市的新茶，要么是早萌芽的茶树品种，要么是低海拔产区，当然还会有少部分是催芽茶园。茶叶作为农作物，它的生长区域、生长季节的不同会形成不一样

的滋味。这也是为什么核心产区茶和正当季的茶品质较好的一个原因。爱茶的人大部分是自己花钱自己买茶，身体是自己的，钱是自己的，大家都是为了能喝到一口好茶。那何不静下心来，且待时间到来。

俗语有云："明前茶，贵如金。"不少名优绿茶，都以清明节作为时间节点，推崇清明节前后所采收的茶叶，以此为珍品。但是高山原小叶种茶（老川茶），茶树情况不同。第一是海拔的影响。众所周知，越是低海拔越是靠近热带的地方回暖越快，气温越高，农作物发芽就越早，反之则越慢越晚。马边原小叶种茶多生长在山区，海拔相对较高，昼夜温差较大，茶树生长周期较长，所以较之海拔较低的坝区茶发芽要晚。第二是这种茶种植环境对其产生的影响与茶园茶不同，原小叶种茶植根于山野之中，靠的是自身的能力去汲取自然界的养分，很少有人去打药施肥，所以也不如茶园茶发芽早，尤其是近年种的一些早熟品种的良种茶。峨眉黑苞山和马边唐家山的老川茶均为几十年树龄，采摘时间均比良种茶晚二十天左右。总之，海拔越高，树龄越大的茶树发芽越晚。因此，茶友们，真正的高山绿茶还需要等待。等待，本身就是一种茶性。

由于新茶中多酚类、醇类等对人体有益的物质还没完全氧化，而咖啡因、活性生物碱以及多种芳香物含量高，容易刺激神经系统，对神经衰弱、心脑血管疾病患者不利。如果长时间喝新茶，有可能出现腹泻、腹胀等不良反应。

春茶至少要放置一周以上，最好半个月左右，让茶中的有益物质氧化后再喝。另外，太新鲜的茶叶会刺激胃黏膜，胃病患者喝茶时，切记茶不要泡得太浓，饮用量也不要太大。

因此，当买回新茶后，最好先放上半个月左右，待茶中的多酚类、醛类、醇类物质挥发或氧化掉一部分以后，饮用起来才更安全、更健康。

自然，不是所有的品种都以春茶为佳。比如说铁观音秋后更好，岩茶要到四月下旬五月初，与气候、时令、品种有关，很多人却一概而论。商家在普及这些不同茶叶品种特性的知识上面很缺失，只去关注抢鲜。江浙一带在蒙顶山购买鲜叶，拿去抢鲜上市。所以，抢鲜上市变成了一个茶叶界很热闹的现象。

绿茶春茶为什么贵？因为头年产的茶是不能放到第二年卖的，我们的茶不预订就需要等第二年了，经常都是十月份就卖完了。为什么绿茶的保质期是

18 个月？因为这样差不多就可以接到第二年上市的新茶卖。再加上以前的技术不够好，茶叶很容易变黄变黑，没有茶叶本身的鲜度。所以，绿茶一般都是放置在冰柜里面，6℃～16℃，恒温除湿保鲜。

近年，茶叶市场乱象丛生，多数人也知道，但不会去细究，尤其是茶商为了抢占商机，有意无意地误导消费者。高山茶一般出产得晚，因为山上气温升得慢，茶树也成熟得晚，但很多人都不关心这些细节。真可谓"英雄不问来路，春茶不问温度"。

茶商也知道这几万元一斤的新茶，自己是不会买的。但因为有这个高价，之后卖几千元一斤的茶叶就变得非常正常了。

雅安为了打造国际蒙顶山的这张名片，会组织很多茶会等大型的活动。当茶区产业化后，"蒙顶山上茶，扬子江心水"也就成了过去。整个蒙山雅安地区95%都是"9号茶""131号茶"这些早熟产品，从育种茶层面上就已经在抢鲜了，反而没有对老川茶进行保留保护。一个地方五十年左右，茶树品种、土壤、茶质量没有改变过，一直都是老树品种，才能称为老川茶。由于土壤没有改变，老川茶发芽慢。单一从口感上区别不明显。长期好茶的人喝一点不好的茶就会觉得不一样。没喝明白的人喝，再好的茶，说一千道一万，他也喝不明白。

对于很多绿茶品种来说，采摘时间越早，越不利于其内含物质积累，其品质下降得越厉害。当资本的贪婪与茶农的盲目碰撞在一块时，行业的健康发展也就很难与理性挂钩了。不少茶区往往是盲目跟风提前开始采摘新茶，但是由于信息不对称、原料价格不断变动，很多人为了卖出好价格，看到别人开采新茶了，自己也盲目跟风。这也为一些人提供了可乘之

机，导致部分茶农要么原料价格卖得较低，要么造成原料的积压，最终受损的还是普通茶农。

也许，新茶，是爱茶人在春天最大的期盼，也是爱茶人对整个春天的执念。

三月春风里，来聊两杯春茶

　　一位外地友人初到"燕露春"时说，他以为"燕露春"在青城山脚下，未曾想的是，同他一起的朋友，领他走到一条热闹喧哗车水马龙的大街，心里很疑惑：这样纷乱嘈杂，真的会容得下一间素朴简净的小茶店？

　　我笑着回他：闭门即深山。茶中自有青山在、绿水流、白鹭飞、寒烟笼、百花香。开个小茶店只寻好茶，只待识茶人，好茶等知己，千金散尽买不来。

　　每个春天我们都在盼望着新茶，客人在追随，我们也在等待。十几年前我就开始提老川茶，近年来商家发现了老川茶这个商业概念，也开始炒作老川茶。我忍不住在朋友圈吐槽，茶树都被砍伐了，难道还能一夜之间重新种上老川茶吗？整个四川，真正的老川茶占比不超过 5%。老川茶采取的是点种，种子繁殖。老川茶的基因在种子繁殖过程当中能够传下来

80% ~ 90%。种子，从点种下去，到发芽，中间有五个月的时间。我们把晒干的种子，种在地里面，就像老茶人说的，"挖一个坑有三寸左右"，二月份种下去，七月份长出苗，要经过五个月时间，它是先长根后出苗。根已经很长了，才会出很小一点苗，慢慢长出来。20世纪80年代后，大家认为茶叶点种生长缓慢，出芽率低，政府也支持无性繁殖，速度快，种出来的茶树环境适应力强。于是，整个四川95%都是良种茶。"131号茶"还有老川茶的基因，有点像"龙井43号"，跟群体种龙井接近。自然最能代表西湖龙井品质的，还是传统的西湖龙井群体种，而非"龙井43号"。"龙井43号"早熟，早熟的茶，自然缺乏西湖龙井那种特有的厚度。"龙井43号"，在国内种植很广，四川、贵州、山东比比皆是，市场上很多恩施玉露、祁门红茶，都是"龙井43号"品种做的。

为了利益最大化，加上政府的支持，茶农迅速砍掉老川茶茶树。

茶树本来是野生植物，后来经过人工驯化培育才有今天的各种茶树。第一个驯茶人是吴理真。蒙山五峰下的天盖寺是我国鲜有的以"茶"入禅的古刹。这里供奉着甘露大师的神像，神殿前硕大的茶鼎尤为吸睛。同其他古刹区别极大，这座寺庙只有一重供奉吴理真的大殿，大殿金碧辉煌，雕梁画栋，极为美观。前来参拜之人，多为山下的茶农。

茶树分为大叶种、中叶种、小叶种。适者生存，因生长环境和土质不同，茶树到每一个地方都会有些许变异。每年三月初高山老川茶还没有脱壳的时候，大家就已经开始卖茶叶了，虽然茶叶的成熟期会受到气候变化的影响，但仍应遵从节令，现在惊蛰都还没有过，新茶就已经被炒作到了几万元一斤了。目前市场上面的茶叶乱象还是相当普遍的。我国是茶叶的原产地，现有的茶叶产品种类多样。其中，大叶种茶、中叶种茶、小叶种茶是按照茶树叶形大小分出来的类型，是区别茶叶品种叶片大小的通俗称呼。

普洱茶是大叶种茶的典型代表。常见的名优绿茶，大多属于中小叶种，如四川、浙江、安徽、江西、江苏省的茶区大多以中小叶种为主，所生产的名优茶也多以中小叶种加工而成，如竹叶青、西湖龙井。老川茶属原小叶种茶。

茶叶的风味品质，与茶叶中所含的成分有重要的关系，茶多酚性味苦涩，氨基酸性味鲜而带甜，咖啡碱性味苦。大叶种茶类所含的茶多酚、咖啡碱等有效物质较多，制成的茶味道浓烈，但滋味收敛性略强；小叶种茶胡萝卜素、叶黄素含量高，可制出高香茶叶。

现在很少人关注老川茶，从商业角度来看，我感觉自己的路越走越窄。还记得小时候的老三花，颜色有点像咖啡色，我们小朋友喝点"加班茶"，现在真是童年的记忆都淡化了。那时候泡茶都是用保温杯、搪瓷盅，一家人都是在杯子里面倒茶喝。坚守一个东西真的是很不容易，现在各地热衷于申遗，比如油纸伞申遗、捏泥人申遗。但是之后如何传承仍然是个问题，有些技艺还是没有保留下来，没有落到实处，没有想过申遗后这些东西我们如何传承，让中国人乃至全世界都知道这个东西。如同茶的制作工艺，现在会用传统工艺制茶的师傅也越来越少了。只有真正爱茶的人，才会用心做，当作一份事业。看到现在的状况多少有些伤感。

目前，整个四川马边和峨眉黑苞山还有一部分老川茶茶园。这里的茶树树龄大概有五六十年了。竹叶青曾在那里建厂，后来搬到了场镇上。这片茶园基本上都是老茶树，虽然出芽率低，但海拔高，虫害少，也不会打农药。在四川种植的海拔八百米到一千二百米的茶就可以称为高山茶。原始品种的茶树也有品种

差异，分乔木和灌木。云南日照时间长，茶叶苦涩味重，基本上都需要发酵。茶树也有阴山、阳山的区别。太阴会导致茶叶的寒性很重，太阳又会导致茶叶的苦涩味很重。不同树种所需要的生长条件也有区别。比如说武夷山的岩茶生长过程中就不能有太多的雨水，否则会出现水味重的现象；而老川茶的这个品种即使被水淹没了，水退后也可以继续生长，新品种就不行，生命力不够强。物竞天择，一方水土养一方人，同样也养一方茶。茶叶里面有很多的秘密语言，以前每年朋友来，我都会用新茶来招待客人。我向朋友推荐自己认同的新茶，不建议他们去购买商品化的茶。我会建议客人不要购买太多，好的茶都是必须在16摄氏度的环境中存放。而且茶性易染，很容易串味。二两茶一般人都可以喝一个月。我在内心深处认为好茶需要懂茶的人来欣赏，这种想法可能并不符合生意人的商业思维，明明可以卖一千的茶，我最后卖了两百。好茶你送别人，如果对方爱，他会非常舒服，但是如果对方不懂茶，会非常可惜。茶叶在摩洛哥就是奢侈品。你在我这里买可能觉得很便宜，但是你在其他的地方买，可能就要贵得多。

　　曾提到过"保护老川茶，留下老传统"。想要保护老川茶，有时候也是一种很理想化的想法——茶农也想提高收入而砍掉老川茶茶树。良种茶一个人采摘一天，可以采摘 8～12 斤，但老川茶发芽率低，很熟练的老采茶农一天都只能采摘 6 两左右。而且由于良种茶的芽叶大，3～4 斤就可以做 1 斤干茶，但是老川茶需要 4.5～5.3 斤才可以做 1 斤干茶。这种吃力不讨好，又抢占不到商机的事情，还有多少人愿意做？

老川茶是有性繁殖，采用点种方式，根是往下长的。二至三个月后开始往外冒芽，同时根依旧往下生长，这样的茶树长出来的茶营养成分自然更高。而良种茶是 20 世纪 80 年代嫁接出来的。嫁接的茶树五年就要翻一次，它是横向网状生长的，包产到户后，更多人的地里种植的是粮食，土壤也在这个过程中发生了变化。我们之前讲到了土壤都改变了，就不要说有机茶了。这就是老川茶茶树的断代。

巴中的朋友说他们老家土质环境比较适合茶叶的生长和发展。当地在大量建设茶厂，大批量短时间做茶，急功近利，老茶厂都很难生存。

老茶厂制作甘露、竹叶青都是需要老川茶的。制作过程中机械化可以代替的大部分都被代替了，但是最后一道工序还是需要手工，只有手掌的温度才真正

能够感知到茶的内心。很多绿茶现在做出来的颜色都非常好看，但是真正好的绿茶做出来应该是谷黄色。

很多人不愿意再去做一些传统茶了。高海拔老川茶黄芽，需要历时一个多月的制作。大多数商家不愿意踏实去做黄茶。一是费时费力，还不讨好。更重要的是，蒙顶群体种，酚类物质含量高，闷黄时，单芽易红变，红变芽必须筛分出来，损耗率在30%左右。由此导致成本很高。

所有扁形茶都是竹叶青。1963年陈毅元帅在峨眉山寺庙里喝到了这样的茶，因为峨眉山做茶历代都是做成这种扁形状，请陈毅元帅赐个名字，他一看这个茶是尖尖的，就像青色的竹叶，就称它为"竹叶青"，这个名字就一直延续了下来。后来峨眉春来茶业公司注册了这个商标，就是现在的竹叶青茶业公司。此前我们熟悉的"竹叶青"，成为驰名商标，其他人的茶都不能再叫"竹叶青"，大家只能重新注册各自的商标，例如我们的"燕露春"。然而浙江西湖龙井就不是这样的，龙井不属于某一家茶厂的独占商标，而是根据国家规定，经过政府相关管理部门的审查，来自西湖、杭州、绍兴三大产区的茶叶，符合龙井茶标准的茶叶都可以叫龙井。大家都使用统一的专用标志，再用不同的品牌名来做更细的区分，比如这个叫某某牌龙井，那个叫某牌龙井。这样才真正有助于一个茶叶品种作为品牌的推广。老川茶这个概念也不好注册，即使注册了也很难继续，不可能大家都去卖老川茶，也不能大家的茶都叫老川茶。

其实铁观音也是一个品牌，某某牌铁观音。

四川是全国最大的茶叶原料大省，但是现在对川茶的推广非常困难。川茶出川变龙井是很多年的事了。现在去西湖旅游，你买的西湖龙井说不定就是四川龙井呢。

川茶出川变龙井，造就了非常多的富翁。在当时还把鲜叶空运过去，现在直接是把技术搬运过来，直接运干茶回去卖。四川的竹叶青原料多采用独芽。而西湖龙井标准为一旗一枪，就是一芽一叶。这种茶在四川当地价格很低，但运到江浙一带，他们就可以把价格提高十倍、二十倍、五十倍来卖，四川人出去旅游又高价买回来。

茶叶没有一个特别精确的识别标准，我们希望标准化，但什么又是标准呢？竹叶青公司作为川茶的标杆，定位是"高端绿茶领导者品牌"。而竹叶青公司本身没有茶园，卖的百家茶，一句话，营销做得好，茶叶自然也卖得好。这类大茶企是不会卖产量低的老川茶的。

　　毕竟，现在老川茶已经不多了。蒙顶山基本上没有老川茶了，洪雅还有一些，但本地茶农都是把老川茶留给自己喝。那种茶要纤细许多，有时候在路边长一点。

　　其实老川茶和普通川茶外观上面没有区别，老川茶的叶子尖尖的，有点锯齿的感觉，这是植物的自我保护。马边的窝子茶就是有性繁殖，典型的老川茶。把种子埋下去，点种。马边有一部分地区，自然环境非常生态，你甚至可以在茶树上面睡觉，那里的茶树不是乔木，也不是云南的大叶种。同样是灌木，你仔细看老川茶其实还是容易识别，根茎是不一样的，叶子是梭边形，任何时候都可以保护自己，周围还有绒毛。

　　茶农也知道老川茶更好，但是很多人还是更追求经济利益。我们没有办法站到道德的制高点去评论别人，只有用自己的这种守望去坚持。这个路上我也没有觉得寂寞，很多人都不理解，感觉到我自己做茶那么多年还是不能扩张。一是没有能力。农副产品不像其他东西，很难有一个标准，这种标准是我们想要的吗？老川茶这个概念，我们十几年前就在说，这几年逐渐有人关注到，但更多是一种噱头、牟利的想法。如何用最简单的话把茶的专业知识让别人接受？这种就相当于中药，我们的很多东西到了日本、韩国，有了一个概念，然后标准化出口。

只有爱茶的人才会去区分，才会去领悟。很多东西是阐述不清的。又一次说到了话语权，我一直在发声，但仅仅是有限的发声。很多人或许是信任我，但是这种信任有限，发声也有限。

老川茶的产量很低，重新完全恢复基本上是不可能的。20世纪六七十年代开始的知青上山下乡，间接为老川茶的发展打下了基础。改革开放经济的发展，茶叶需求量猛增，带动四川茶叶产量迅猛增加，几乎占据全国茶叶产量的半壁江山。而这得益于40多种无性良种茶的大面积推广。无性良种茶从2011年的占比53%到2017年已经近80%，且在持续推广扩张当中，"老川茶"慢慢变成了"新川茶"。现在"131号茶"有老川茶的基因，但还是无性繁殖，算不上真正的老川茶。恢复土壤需要20年，土壤不改良，所有都是空谈。现在大家能做的就是先保证已有的老茶树不再砍掉。

　　近二十年来，受到良种茶和外地品种的冲击，平原丘陵已经基本没有了老川茶的立足之地，高山或者野林，留给有性繁殖的老川茶的空间也越来越小，成片的老川茶更是少有，已经到了亟待保护的境地。我常常感叹，老川茶可以退回到哪里去呢？如果可以，退回两千年前可好？历史总是要向前，我们无法阻挡潮流和趋势，但老川茶的记忆并不会随着时间消逝。茶树会结果，果子会开花，有一片林就会有更大片的林，老川茶的茶树也会从点到面逐渐恢复。老川茶的传统是历史的印记，也是我们要去守护的四川风物。

从来佳茗似佳人

今天是 2 月 14 日，西方的情人节，我们的主题也很应景——"从来佳茗似佳人"，就是有情人坐在这里喝茶聊天。其实，对西方的情人节，一开始我是有点排斥的。后来一想，茶是非常包容的，我也应该学会接受，再说了，茶传到西方本身就跟爱情相关。

之前我们讲过，茶在欧洲的盛行跟 16 世纪葡萄牙王国的凯瑟琳公主嫁给英国王室有关。我本来打算从这个方面切入，后来又想到苏东坡的"从来佳茗似佳人"，便定下了这个主题。巧的是，今天来的基本上都是眉山的人，是东坡故乡的人。

不管是东方还是西方，爱情都是一个永恒不变的话题。茶对爱情有美好的寓意，明代许次纾《茶流考本》中说："茶不移本，植必生子，古人结婚以茶为礼，取其不移志之意也。"古人把茶比作爱情，是矢志不渝、忠贞不贰的象征。

小日子茶
XIAORIZI CHA

在茶与爱情的世界里，茶是月老。

旧时，从订婚到完婚的整个阶段皆以茶来命名，如女方接受男方聘礼，叫"下茶"。在江浙一带，把整个礼仪统称为"三茶六礼"。

"三茶"礼，具体指订婚时"下茶"；结婚时，男方给女方家送彩礼，为"定茶"；结婚入洞房，夫妻共饮一杯茶，警示双方将同甘共苦，是"合茶"。

在以前的封建社会，青年男女交往的机会不多。他们会借一次喝茶的机会，趁机表白对对方的爱慕。因此，茶被赋予了特殊情感交流的媒介，有"半个月老"之称。元代张雨《湖州竹枝词》云："临湖门外是侬家，郎若闲时来吃茶。"含蓄婉转地表达借喝茶之事来约心上人的淳朴民风。

　　《红楼梦》里有这么一个情节：王熙凤对林黛玉说："你既吃了我家的茶，怎么还不给我们家作媳妇儿？"其典故就来自这里。

　　为什么茶是从一而终的呢？因为茶树基本上不能移植，只有在特殊土壤经过培植才可以生长，种子只有与土壤的性格相符合才能生长。所以在作为茶礼的时候，你喝了我的茶就是我的人，表示从一而终。今天你们喝了我的茶，就都是我的人了哈。开个玩笑。

　　古往今来，自有了茶这个不可或缺的生活品后，关于茶的比喻可以说五花八门：嘉木、佳人、叶嘉、瑞草、灵草、灵芽、雀舌、忘忧草等等。也有抽象地说茶像人生，像命运，像爱情。我认为，其中最具创意和形象思维的，当数"佳人"莫属。

　　到了东坡这里，他以浪漫诙谐的笔调，锦心绣口喻茶为"佳人"，将茶的喻说换了天地，"从来佳茗似佳人"。自东坡这句诗一出，古今所有关于茶的比喻，都立刻相形见绌，黯淡无光，都成了一堆俗脂庸粉。这一诗句被誉为是"古往今来咏茶第一名句"。东坡之前，谁能谁又有胆量把茶比作美女来品赏呢？这千八百年过去了，还有哪一句能出其右呢？谁又能吟诵出比这更好的诗句呢？

"从来佳茗似佳人"，是历代文士茶人耳熟能详的名句，这句诗不仅指代佳人，还喻指君子贤良。从此，历代与茶沾边的人，无论是种茶的、制茶的，还是喝茶的，也无论是真风流还是假风雅，莫不争相传诵。即便大字不识的山野村夫，也一定会会意"佳茗"与"佳人"的妙意。

苏东坡俨然是位茶艺高手，煮茶、饮茶，在他看来，能吃到上好的茶，就如邂逅一位佳人一样赏心悦目。把佳茗比作佳人，文字之美，尽在于此了。

我们泡一杯绿茶，把玻璃杯洗得干干净净，一壶热水倒下去，你们看，茶的芽头就开得像少女一样。这就是清宫迎佳人。其实，茶在被采摘的时候也似少女一般，所以人们会觉得茶叶非常圣洁。当然，苏东坡在形容佳茗似佳人时，可能与他的爱情有关。他有三个爱他的女人，不管是王弗，还是王润之，还是王朝云，每一个，他都会去品味，会从心灵深处去理解。

苏东坡本身十分爱茶，他写了很多爱茶的诗歌。历史无法复制，苏东坡和他写茶的诗句自是千古绝唱。多才多艺的苏东坡，为中国茶文化的发展做出了卓越的无可替代的贡献。

如果说人生是一杯茶，看东坡流离颠沛、坎坷磨砺的人生，他不执着也不固执，不拘泥也不计较，一切苦难并没有使他变得萎靡狭隘，而是越来越澄明豁达。正因如此，他的生命之茶才能不间断地沏泡出诗意的、具有独特魅力的芬芳。

"欲把西湖比西子，从来佳茗似佳人"，据说，这是杭州一茶馆的对联。很遗憾，我没去过悬挂这副对联的茶馆。传说中的这家茶社，我想日后会去拜访吧。

要问东坡爱茶有多深，我是说不明白的。除了东坡自己，谁又能说明白呢？

说到茶与爱情，不得不提到"茶圣"陆羽，在历史上他孑然一身，留下一个孤独的身影。那么，陆羽究竟有没有过爱情呢？有的，他与当时最负盛名的女诗人李冶有过一段爱恋。

也许，两人原本可以煎茶论诗，携手终老。但李冶一生的志向与陆羽不同，她渴望强大的世俗世界能够承认她的才华，终于应诏入宫。在宫廷政变中被乱杖打死，一缕香魂就此断绝。而孤独的茶圣，终身未娶，与茶共老，七十二岁时在湖州青塘别业辞世。

世界有茶千万种，也有风情千万种，爱情与茶有许多共同的地方。相信你的一生中会饮很多种茶，也会遇到你的爱情。有些像绿茶，有些像红茶。

民国时期（1912—1949 年），文人喜欢交流喝茶，就是几个朋友自己买茶点，自己喝茶，觉得很雅致，慢慢就成了风气。你们看林徽因的客厅，就是下午茶，就是轻聊，结果聊得非常有意思。后来我们沿袭，摆放一些茶点，来一个茶话会。茶作为媒介，在这之间就起到了非常大的作用。

这段时间很火的电视剧《知否知否，应是绿肥红瘦》，其中讲到点茶法，对唐、宋时期的点茶法、抹茶法，以及器皿方面的讲究有很多涉猎。我们从中可以看到，日本的抹茶也是中国点茶法的一种延续和发展。抹茶源于中国唐、宋朝时期的点茶，当时人们喝茶都是碾压成粉来喝，日本现在还保留着中国的习惯，在"一碗茶的和平"中，都是用很大的碗。

今天，很多年轻人会对英式下午茶更感兴趣，

觉得喝玫瑰红茶更浪漫。这并不是说现在的年轻人崇洋媚外过情人节，而是茶的大包容的文化现象。我们经常说茶性易染，就是说茶叶容易与任何一种味道混合。有朋友曾经说我从来不用香水，其实就是这个原因。如果今天我用了香水，我的茶叶就会发生变化。

英国人对苦涩味比较敏感，所以他们选择在茶中加各种东西。我们的藏茶也是。按照我们的想法会觉得，为什么要在茶里面加入这么多东西？我们觉得茶染了其他东西，就不是茶的本质了，茶的味道就不再那么纯粹了。但实际情况是，少数民族地区不产茶，缺少蔬菜，需要喝茶来解牛羊肉的腥腻，也补充一定的维生素，所以他们会在茶里面加入牛奶和酥油，这是茶适应当地饮食习惯而做出的变通。

《红楼梦》中有很多地方讲茶，讲茶叶的原产地，讲茶叶的性格。你看妙玉的器皿，哪种人使用哪种杯子，真是有很多学问。它也把人的等级分出来了，刘姥姥这样的人，就只会牛饮。

中国有个成语叫"推杯换盏"。盏，就是一盏茶，就是喝茶的意思，后来推杯换盏就变成了请你喝酒。现在很多抹茶、盖碗茶，都为我们文艺青年赋予美好愿景。茉莉花茶又叫报恩茶，它有很美好的传说。而史料记载的茉莉花茶，跟我们之前讲过的红茶一样，也跟交通不发达有关。例如从峨眉山到成都，茶叶日晒雨淋发生变化，商人就想了很多办法，匹配了很多种花，最后发现茉莉花更适合，然后就采用了茉莉花与之匹配。

茶叶传到国外匹配成功的种类非常多，日本的玄米茶，是一种煎茶，就是根据当地的饮食习惯而匹配的。而在欧洲则是以匹配花果茶见长，因为那里的花果更加丰富，制成果茶返销中国和其他国家，成为时尚。正如红茶刚开始在英国的王室中流行，形成了下午茶传统，并搭配茶点，有了浪漫的气息。后来连鸡尾酒也开始搭配各种果茶，演变得十分浪漫，传到中国后又成了白领的时尚。

所以，饮食习惯与个人嗜好有非常大的关系。每个人都在寻找适合自己的茶，就像在寻找伴侣一样。我们之前说的立顿红茶，就是美国人认为茶叶应该怎么样，并计算制作过程的损耗，将茶叶量化的结果。

其实茶叶更需要匹配合适的水，这个我们以后会聊。

日本人很讲仪式感。他们有个茶室叫今日庵，将"一碗茶的和平"诠释得淋漓尽致。在今日庵，所有利器都不能入内。在茶道仪式没有完成前，任何人都不能闯进去打断整个茶道仪式的程序。日本茶道讲究"和敬清寂"，也就是人与大自然的和谐，人与人之间的谦敬尊重，心无杂念、清静纯朴，与大自然融合为一，达到无始无终的"禅"之宁静。日本茶道的创始祖师千利休给他的弟子留下了七条茶道守则：茶要泡得合宜入口，炭要刚好让水滚沸，花的装饰要如同在野外般自然，准备好冬暖夏凉的茶室……日本茶道通过规范严格的场地布置、器具准备和茶道仪式，让茶会的参与者得到精神的享受和心灵的洗涤，形成了一种独特的礼仪文化。有人觉得日本茶道是一种玄而又玄的东西，但是我认为我们的生活还是需要这种仪式感的。

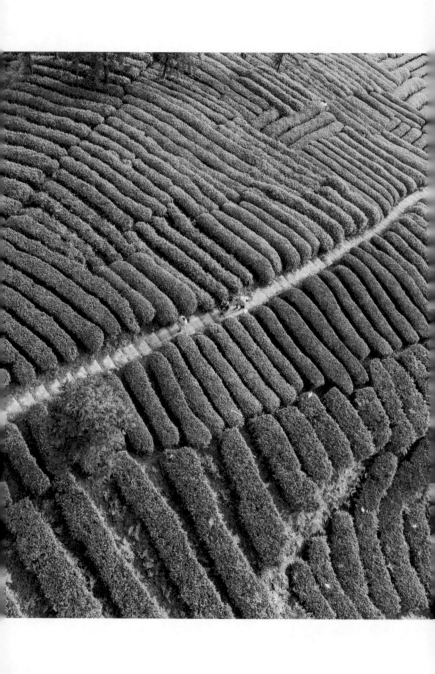

除了日本茶，包装非常漂亮的还有德国茶。你们看它的包装，中国的图案，中国的元素，十分漂亮，其实里面茶叶的产地仍是中国，他们只是根据口味加入了桂皮等香料。其实很多欧洲国家的茶，原产地绝大多数是中国、印度和斯里兰卡。我觉得我们中国的茶是最好的，但是大部分包装不行，而我们主要讲究茶的本味。

现在的年轻人不喝茶是销售的问题。我们说茶是最好的饮料，但是商家并不这样引导，茶的营销缺乏创新。我们固守茶的传统，我也倡导在留住老传统的同时，要有更好的方式让年轻人接受，不要总是说教。我们一定要知道他们在想什么，需要什么。年轻人接受可口可乐，觉得这是一种时尚。同时，他们也接受立顿的茶包，我觉得这是对茶的一种接受，接受一种量化的标准。

现在江浙一带的学校，会开展一些茶艺课，说这是对茶文化的传承。还有一些看法是说我们的茶文化要从孩子抓起。我觉得这些都是伪命题，并没有让茶进入生活化的状态，只是让孩子觉得这是上课要学的，更多的是茶艺表演。孩子们觉得那是演戏，演完了与我没有任何关系，礼仪似乎与生活脱节。当然，我也还没有想到该如何去做，推动这种事情不能仅靠一己之力。

昨天我与几个朋友喝茶，就聊到真正爱茶的人来做茶，基本上都很难赚钱，反而是那些完全把茶叶当成一种商品的纯粹的商人赚了大钱。因为我们爱茶，所以不敢乱卖茶。我一直说客人是我的老师，只要进店的客人，我都会觉得他是爱茶的人，懂茶的人。爱茶、懂茶，才会来买我的茶。我有个二姐，她说每次扔茶包装都扔得心痛。很多包装非常精美的茶，基本上都不好喝。

我刚开始做茶的时候，因为不懂，什么茶都可以卖出去。我那时记忆力很好又肯背，书上写的加上前辈给我们讲的，什么茶都可以吹得天花乱坠。2000年，一斤茶叶一千元我卖得眼睛都不眨，那个时候竹叶青才卖两三百一斤。当我越来越懂茶，了解了茶的产地，茶好还是不好，不好的这个茶就不能卖了啊。我现在的库房还有上百斤的名茶，是真正的名茶，但因为存放不当，放过期了。扔了呢觉得有点难受，卖给客人又觉得没保存好的茶怎么可以卖给别人？如果是以前，我会选择把茶叶变成钱，但是现在我只会把它放在那里当标本。

我觉得茶文化就是一种群体语境的表达，离我们并不远。茶通六艺，本身就有很多艺术的色彩呈现。我们所有的东西都是上天赐予的，做得不好就会被收回去。茶自身的文化不是一种简单的知识输出。当然知识也很重要，现在农业大学有专门学茶的学生，有很多学了6年，他们的知识非常丰富，但是到茶叶店可能连营业员都无法胜任。这就是仅仅学到了知识，而没有学到文化。所以一杯茶真是包含了很多东西，就像人一生都在寻求与自身相契合的东西。

　　现在很多四川的茶叶生产大户，更多的是在包装上做营销。他们在种植成本上投入的比较少，有的在营销上的投入甚至能占到总成本的百分之七十，但又做得华而不实，我觉得这是茶叶没落的表现。虽然有数据显示，中国人的茶叶消费量在增加，但据我所知，实际生产出来的两斤茶只有一斤被大家喝了。很多人都是哪样茶好卖就疯狂种植，现在技术比较好，不像以前种植起来比较困难，这对茶来说未必是好事。

　　我一直认为一方水土养一方人，茶作为中国本土的饮品，对人有益的成分很多，这是早就研究得出的结论。但现在的问题是健康饮茶被歪曲，加上没有正确的引导，没有让茶融入大众的日常生活，茶已经变成了诗和远方。我们当正确看待健康饮茶，有科学的认知，喝好的茶，喝适合自己的茶，完全可以让自己得到很舒服的体验。

最好的茶是我们手里这杯茶。一棵茶树长出茶叶要吸收多少天地精华？世界上没有完全相同的两片叶子，我们手中的茶多一片少一片会有不一样的味道，我们泡出的每一杯茶都是独一无二的。我们要有这样的文化自信。

八分茶，十分水，
则茶水十分

四川文艺出版社的金平，有一阵特别喜欢说一句话："四十男人如茶，但好茶还需好水泡。"我一直觉得，"好茶需要好水泡"这句话很有深意。是把茶水引到了生活当中，又引进了情感当中，再引申到人生当中。好男人要有好女人，就像是茶八分、水十分，则茶水十分。但如果茶十分，水只有八分，则茶水八分。

《红楼梦》谓"千红一窟"为茶中上品，暗示了世上女子千娇百媚，但真能欣赏品味者却寥寥无几。而好茶也需好水泡，更需会欣赏的人来品，正如才子爱佳人一般，真正的雅士都喜欢品味世间好茶。参透茶味，也参透了人生。

一方水土育一方人，用本地之水泡他方之茶，或许体会到的既有眼前生活的苟且，亦有诗和远方。又

或许八分水十分茶喝的是谦逊，是融入，十分水八分茶喝的是包容，是接纳。

茶之于水，水之于茶，如同一对老夫老妻，谁也离不开谁，谁也不比谁重要。

上等的好茶，还需用上等的好水冲泡，才不会辜负了一泡好茶的美妙。在古人眼里，只有名山、名茶、名水三者相得益彰，才能孕育出一泡真正的好茶。此标准即使放到今天，也并不过时。

谈及茶与水的关系，则不能不提及北宋时期苏轼与蔡襄那段流传千年的斗茶趣事。当时，斗茶是上至王公贵族，下至平民百姓都喜闻乐见的生活方式，尤其是文坛大咖。

苏轼与蔡襄虽一个正值年轻气盛，一个已是垂暮之年，然诗书各有千秋，且都精通茶道，为当朝名士。据北宋江休复《嘉祐杂志》上记载，"苏才翁尝与蔡君谟斗茶，蔡茶精，用惠山泉；苏茶劣，改用竹沥水煎，遂能取胜。"

苏东坡斗赢蔡君谟，凭的不是茶优，而是水好，另辟蹊径取惠山寺后山清泉，再用竹子沥过，因此更加清冽，汤色、滋味自然更胜一筹。由此可见，泡茶选水的重要性。

话说回来，不管是惠山泉，还是竹沥水，对于一般人来说，可遇而不可求，更不用说用来泡茶了。那么日常生活中，我们应该使用什么水来泡茶呢？

喝龙井茶，大家都知道"虎跑品龙井"这句话。意思是想喝出龙井茶的真韵，最好用虎跑泉的水冲泡。茶圣陆羽传世名著《茶经》中说道："其水，用山水上，江水中，井水下。其山水，拣乳泉、石池漫流者上。"山泉水当为泡茶首选。

山泉水不似一泻千里的大江大河，不似飞流直瀑气势磅礴，而是静待时光流转，一泓清泉蕴涵生命张力，源源不断地细水长流。用现代科学道理来讲，山泉水富含锌、钾、硒等人体必需的微量元素，硬度低，水质甘洌。

井水或雪水也是不错的选择。井水其实就是浅层地下水，在环境没有受污染地区，地下水水质一般来说不会太硬，浮尘少，透明度高。对于北方地区的人们来说，冬日闲聚煮雪品香茗，也是一件相当惬意的事情。从唐代白居易的"闲尝雪水茶"，再到清代《红楼梦》里妙玉"梅花雪煮茶"，喝茶的雅趣禅意油然而生。

如今，对于大部分人来说，泡茶用水最多的当属自来水。自来水因需要用氯化物消毒，带有一股漂白粉的味道，直接用来泡茶，则会影响到茶叶的滋味。对于好茶来说，用自来水泡就是暴殄天物。

因此，使用自来水泡茶，最好是将自来水静置4—5个小时，让水中的氯气自然挥发；或者也可安装净水器做过滤处理。

至于江水、雨水，则最好不要。如今随着经济发展，江水、雨水受污染的概率较大，最好不要用来冲泡茶叶。

　　其实，不管是什么水，贵在一个"活"字，"问渠哪得清如许，为有源头活水来。"《红楼梦》中，妙玉取笑林黛玉，"你这么个人，竟是大俗人，连水也尝不出来。"其实，正是笑话林黛玉的愚笨，竟不知泡茶的水并非陈年雨水，而是收集梅花上雪的活水。泡茶水首选泉水，在于"山顶泉清而轻，山下泉清而重，石中泉清而甘"。

按照科学道理来讲，活水则水质硬度较低，水中各种微量元素比较丰富，茶汤浸出液的透过率比较高，泡出的茶叶，香气清高，滋味醇厚，格调高雅；反之，则茶汤混浊，滋味淡薄。

正因为如此，想要泡出一泡真正的好茶，切莫忽视水的选择。

古人说山水为上，江心水为中，地下水为下。苏东坡说泡茶要好水，每次打水泡茶，都要江心水。所谓的江心水就是距离岸边比较远，是远离人烟的地方的水，水质干净。苏东坡为了避免书童偷懒，会先存下一部分江心的水，比照书童取回的水是否一致。

水对茶非常重要，茶因为水性而发。有朋友说，人六分，茶两分，水两分，则茶水十分，也说得非常好，说明茶和人是要讲缘分的。虽然我们有时候会刻意去想茶与水的关系，会去讲水的硬度、酸碱度、含矿量，但日常生活中，不可能每一样水都去测量。经常有人问为什么我泡的茶就是要好喝点，这肯定跟水有关。

现在的水跟我们记忆里的水相比，变化很大。我们那时喝井水、山泉水、江心水，但现在的江心水还能不能喝？答案显而易见。

小时候喝茶都说不能喝隔夜茶，头天泡的茶，第二天茶水的表面就会漂浮着一层膜，有点像铁锈的感觉，就觉得茶不能喝。其实是跟井水有关，因为水里的矿物质会与茶发生反应，跟我们现在的矿泉水差不多，矿泉水里面的矿物质，改变了茶的味道，茶经过发酵后，会产生化学反应。那时受条件限制，没有办法检测水质，检测哪个井的水矿物质含量高。但当时人们取水后会将水静置，通过这种方式来"养水"，其实就是让水中悬浮的杂质自然澄净。实际就是在通过好缸来养水。

《红楼梦》里妙玉用雪水煮茶，取其水清，这算是天水。以前我们都是用天水，觉得天水干净，但现在的天水是不可能用了，因为大气污染，天水也不干净了。妙玉泡茶，第一泡用雨水给贾母，屋檐聚集的天水，这个水已经非常好了。他们遵从的是"水为茶之母，器为茶之父"。但她给林黛玉泡茶的讲究又不一样了，是用瓦缸装着埋在地下五年的梅花积雪的水。肯定是曹雪芹觉得这样的水是最好的，才配得上林黛玉。

再说江心水。我有段时间在江浙一带工作，那边是鱼米之乡，又有江南水乡之称，人也很清秀。我

就想那里的人长得那么好，肯定与水有关，水质一定非常好，一方水土养一方人嘛。我就用小河里的水洗脸，虽然也觉得水可能不太干净，但他们淘米、洗菜都是在河里面，内心总觉得鱼米之乡的水是好的。结果没多久就皮肤过敏了。后来才知道沿河的染料厂比较多，河水已经被污染了。

有人说自来水不好，但现在城市中的水质得到了很大程度的改善，我觉得成都的自来水总体来讲是完全没有问题的。当然用自来水来泡茶确实要差些，水龙头放出来的水会有点气味。

很多人被商家忽悠，说碱性水对我们人体很好。其实我们人是酸性体质，碱性的水到了胃部，反倒容易造成伤害，会让人脾胃不适。

茶泡成茶水，每个人的理解是不一样的。不讲究的人对水的要求不高，而像我们这种自诩为爱茶的人，要求大多要高点。中国人有很浪漫的情怀，茶的心情只有水知道，水的心情茶知道，茶人一生都在追求好山好水好茶。

我有一段时间很痴迷水的讲究。古谷水的老板曾经想在整个茶叶界推广他们卖的水，他拿出很多有力的证明，说他在雅安里面买的水，是用德国的工艺，一层层地过滤处理过的。但是价格太高，而且泡出的茶可能有一种先入为主的感觉。我觉得喝茶的人不可能用仪器去检测，而且没有哪种茶有标准说只有哪种水更适合，所以我认为只要是纯净水，对任何一款茶都有正确的解读。

好茶还需要好水泡。说了这么多，就是想说明一个问题，现在泡茶，肯定是纯净水第一。

好山好茶好水，又回到说一方水土养一方人，每个地方的茶还是配当地水最好。茶在生长的时候经过雨水、阳光的孕育，而茶叶脱离了树，脱离了它生长的土壤，也要找到它熟悉的水。如果用其他的水，就不是熟悉的味道，就有可能不匹配。这个就像男人和女人，女人如水一样。我带着我们的茶走了很多地方，每款茶都因当地的水而泡出了不同的味道。

我刚刚做茶的时候去山东，想着趵突泉是有名的泉，泉水泡茶肯定最好，那个地方的茶文化也更容易普及。结果去了发现不是这样。在北方推广花茶、普洱茶更容易，因为这几种茶对水的要求、识别度不高。

我在西安开过店，相对而言，那里的水质泡茶不好，无论怎么泡，茶都不出香。可能也与气压有关系。西安本地爱茶的人都是买矿泉水来泡茶。他们喜欢普洱、铁观音，因为这些茶本身就是发酵茶，其他的香味掩盖了茶本身的不足，所以推广起来也就方便得多。

要说茶与水的默契，虎跑泉泡西湖龙井是最佳的匹配，成为西湖双绝。这种好水泡好茶的地方就会产生出一种茶文化，就像四川的竹叶青配四川的水。

事实上，水与现在生活的匹配度是很重要的。四川的水是很好的，但现在有点偏咸。小时候我们在乡下担水，知道哪个水井的水好，做出来的豆花更好吃、更细腻清香，所以一推豆花就会去那里担水。如果碰到下雨，就会偷懒，选择就近的水井，结果推出来的豆花就没有那么好吃。

井水的矿物质很多，以前我们是用身体去解读水，所以我们的水壶都会有茶垢，就是里面有碳酸钙的遗留。为什么老一辈的牙齿都有垢，不单一是因为喝茶，水也是直接的原因之一。

很多人说铁壶烧水补铁，而我一直不提倡用铁壶烧水，因为水太硬了，铁壶烧水后容易导致重金属超标。用银壶、铜壶烧水，对水的改善是比较好的，特别是银壶，以前有条件的大户人家都是用银壶来储存水。

中国文化与两大水系相关，黄河水系孕育中华民族，长江滋养中华民族。这两大水系泡出的茶有什么区别？还有就是有一句诗"我住长江头，君住长江尾"，成都在长江上游，上海在长江尾，上海、成都、武汉泡同样的茶，有什么区别呢？有个朋友在我家喝了竹叶青觉得非常好喝，后来我寄给他，寄到北京，他再喝就没有那个味道。茶在当地没找到合适的水，就像女人没有找到合适的男人，在那里就传播不开。所以，北京的茶馆肯定没有成都的茶馆多。比如说在新疆，无论多好的茶，在那里都泡不出来，都是咸、苦、腥的味道，他们就喝调味茶，跟国外一样，根据自己的口味加入陈皮之类的来调节味道；而宁夏人喝八宝茶，里面一定会加入糖，因为他们的井是苦水井，水是苦水。

绿茶只能在四川才这么金贵，是贵族茶，是因为我们四川的水很柔。

泡茶的人对茶要了解，对茶的性格也要了解，更要了解茶和水的关系。比如说龙井茶，就是一款高焙火的茶，泡好了就是鲜香的，有种奶汤味，非常舒服，而泡不好就有一股苦涩味。宋朝的点茶法，就是一种泡茶的方式，讲究用心的程度。我泡茶就很用

心。比如泡绿茶，看起来泡得很随意，但实际我是很用心的，有分寸的。我以前泡茶，马驹老师就说他发现我看着不经意，但随时都在感受水的温度。其实，不管是红茶、绿茶，我都知道它们出汤的时间和温度，虽然不是那么精确，但是心里面是有数的。

比如泡绿茶，一方面，我每次都是用温水先唤醒器皿，将器皿热透，再放茶叶。因为我们的茶都是从冷冻柜里面拿出来的，需要唤醒它，需要把茶的细胞整个唤醒。另一方面，我又在等水，如果水温过高，就会把茶的口感破坏。我可以把一款茶泡来你觉得很难喝，也同样可以泡来你觉得很好喝。为什么说茶分杯味道会不一样，不是说我故意这样，而是我了解它们的性格，同它们有一个好的相处，爱茶的才会懂茶。

绿茶很挑剔，水稍微不好，叶底就容易发黑。红茶是最不容易试出水的，因为红茶的包容性很好，即使水有点问题也不太影响。红茶经过发酵后，茶黄素非常高，即使焖杯隔夜，第二天喝也会有非常舒服的味道。

用心来泡茶，你的心情不同，泡出来的茶的感觉也不一样。就像我们的川菜，每次炒出来的味道都是个一样的。

茶的先天决定了它的属性。茶与水的相遇就是第二次生命的呈现、复活和唤醒，需要用水将它们唤醒。西方人将茶称为复活草，茶性因水而发。一粒干茶，总是默默无闻，唯有水才可将它唤醒。泡茶之水尤其讲究，不同的水孕育出的茶口感、层次、意境皆不同。许次纾在《茶疏》中说"精茗蕴香，借水而发，无水不可与论茶也"，可见水与茶之间的相得益彰。

好水还要好的温度来匹配。注水量、投茶量都是需要去调节的。还有个人想要的茶水浓度，与自己的身体有关系。

为什么宁夏喝三炮台，北京喝茉莉花？也是因为他们的水质不好，必须要靠这种香味来调和。西藏也是如此，气压不够，水不能泡茶，只能选择用煮的方式，在里面加入牛奶、酥油，才变成了奶茶。

我看过一篇文章，说有个小姑娘在福建打工，主要工作是在前台泡茶。因为工作强度很大，加上经常被老板训，觉得生活无趣，干了一年打算辞职。辞职的前天，心想这是我在这里的最后一天，要好好泡茶。那天她脸上的笑容很温暖，泡的茶也得到了客人赞同，把茶具收拾得前所未有的干净。这时老板的助

理通知她去办公室。她心想又要挨训了——管他呢，反正都准备辞职了。结果，老板说她今天表现得非常好，要给她提职。她一点都不兴奋，告诉老板，我要走了，今天是我最后一天泡茶。只有今天我泡茶是发自内心的，而不是为谁而泡。

这就是任老师说的，人六分，茶两分，水两分，则茶水十分。只要人高兴了，喝水都是甜的。相由心生，境由心造，万事万物都可通过人的内心来反映，做事情不能有杂念。那个小姑娘没有这些知识，但是她从此就解脱了，就安下心来好好泡一杯茶，然后对所有人都是发自肺腑的告别。

真正爱茶的人往往都是赚不到钱的，因为过不了心里面的那个坎儿。以前常有朋友说我固执，只卖自己喜欢的茶。其实我要是什么都卖肯定可以赚钱。普洱茶疯狂的时候，一个云南茶老板三天两头围着我转，让我推销普洱茶，说可以赚大钱。而我也知道，他们的仓库门都不用开，就靠卖"钥匙"，搞"期茶"交易，一仓库的茶价格就翻了几番，一个星期就能烧一辆帕萨特，结果呢？有些事情就是无法言说。

去年我开始关注武夷山的岩茶。岩茶是经过了炭焙的茶，对人的胃非常有益。今年我计划去那边实地考察，我想去福建看真正的炭焙茶，进入武夷山去实地考察，到三坑两涧，去了解岩茶，去看茶叶真正的生长环境，当地的水质，茶叶的制作方式。因为之前我都是看书，对岩茶只停留在书面上的理解。

作为一个茶人，我很慎重，做茶到现在，我要对身边的每个客人负责。选择和武夷山茶人徐良合作，也是我经过两三年与他接触，听他说茶、也品他家的茶而后决定的。武夷山茶虽然很出名，但也同四川茶业一样，多数企业也拿不出更多资金来宣传提升茶的魅力，很多有思想的茶人也默默无闻地或者是孤独地行走在自己熟悉的茶路上。徐良属于后一种人，而我认为，往往是他这种默默无闻、甘于寂寞的茶人，手里或许有更多更好的传承。他说他家岩茶需要第一焙火后，两个月再来一次焙火，需要多次炭焙。但是现在很多商人都是三十天就开始拿出来卖，这种茶容易返青，喝了会很难受。

武夷山的茶品种很多，以前的人取名也很随意。他们讲究岩韵，就是在岩石之间长出来的茶，所以我特别想去看看。也许还会到桐木关看看正山小种的生长环境。

很多人问白茶是用水煮还是泡呢？其实现在白茶

主要就是两种。安吉白茶属于绿茶类，是没有杀青直接成形，含有丰富的氨基酸。福建的福鼎白茶属于白茶类，比如白毫银针，因为很淡，只有煮才能煮出来味道，"三年药七年宝"说的就是福鼎白茶。为什么有药效功能？是因为长时间储存，茶叶里面的物质已经转化成了有药用价值的成分。其实也要看存放的标准，如果茶本身不好，你放置再久也等于零。

说回泡茶。

不管这茶是生来富贵还是野居山林，先天的宿命早已是定了，茶与水的相遇，是她的重生。遇见谁，便是谁，人如此，茶亦如此。书上可能都告诉过你泡茶时每一泡的时间间隔，出水时机的掌握，可当你真正面对它的时候，真的能安然遵守这样的时间火候吗？我们总不能掐着表去算，那太倒胃口。泡茶即是心算，真的是用心了才有好茶。你总说我泡的茶好喝，并问我诀窍，我莞尔不言，因为倘若我用心了，你却不知，我其实伤心。其实泡茶最难掌握的还是时间。水温是茶叶的"火"，对水温的掌握，对浸泡时间的掌握，对出水时间的掌握，都主宰着茶的命运。

我们坐在一起喝茶，也是一种等待。等春来，亦

是等茶来，等着茶树慢慢成长，等着有一天亲自上山
采摘，等着它从山中辗转到达杯中，成为我们心爱的
茶，等着重新享受记忆中难忘的清香，等着心中那一
抹甘甜。

好一朵美丽的茉莉花

　　提及茉莉花，可能所有人都会想到"好一朵美丽的茉莉花"，外形美、色彩美，一青二白，所以茉莉花在所有人的心中都是很美好的。但我今天早上发了一条朋友圈：从鄙视链看一朵茉莉花。为什么这样

说？因为从一开始，很多茶人，包括我自己，也是很
瞧不起花茶的。"燕露春"从开业起就只卖绿茶，我
觉得绿茶是最接近茶本身的味道的。我以前经常跟那
些喝茉莉花茶的人讲："你喝茉莉花茶，你觉得它香，

那你为什么不喝香精呢？"而且我还很"专业"地告诉人家，茉莉花茶就是对次品茶的一种处理方式。然而这些知识，是我从所读的一些茶书上了解到的。书上说南方茶运到北方，因为水路遥远，抵达的时候茶就变味了，所以用茉莉花的香味来掩盖陈茶的味道。我也就这么认为了，所以基本上不接触茉莉花茶。

后来因为成都人喜欢，很多人要喝茉莉花茶，"燕露春"需要增加这个品种，但我对它还是有一种鄙视的心态，就像喝老茶的人瞧不起喝新茶的人，喝岩茶的人瞧不起喝普洱的人。虽然后来我慢慢地接触到茉莉花茶，但这种鄙视的心态始终都在。茉莉花茶很多人要买，作为一个商人还是要去认识它的。

成都"碧潭飘雪"的创始人是徐金华，"碧潭飘雪"是它的商标名字，其意境还是很美的。我一直说客人才是我习茶的老师。因为客人经常会给我们最直接的反馈，你这个花茶怎么香气不够啊，内香不够啊，表香不够啊，等等。其实作为一个做茶的人，很多时候是从客人身上学到了很多东西。因此我就慢慢去了解茉莉花茶，也会跟商家沟通，增进了解。很多时候，书上的知识跟生活实际中的是完全不一样的。

花茶分很多等级，这个我当然是知道的，但具体

是怎样的好，我不一定知道。随着和客户的不断交流，我也在慢慢改变，开始觉得茉莉花茶也不是我想象的那么糟糕。

2016年，我觉得自己还是需要特地去系统了解一下花茶，所以去了我们委托加工的一个工厂，在夹江附近。因为夹江的土壤更适合种茉莉花。要做茉莉花茶，必须选用三伏天的茉莉花，因为三伏天的茉莉花内含物质比较好。其他时间市面上的茉莉花茶用的都是云南的花，香气是不够的，真正好的茉莉花茶不会选用这种花。

给我们做茶的唐师傅，从20世纪80年代就开始制作茉莉花茶。我去茶厂是6月20日，刚好是入伏的第二天，相当的热。一路上唐师傅讲了很多关于茉莉花的事。我想象的茉莉花是很漂亮的，大片大片的茉莉花地，结果实际上茉莉花植株很矮。进了场镇，就看到很多人在打理老树桩，他们说这样处理后树根就会往下长，更容易存活。茉莉花植株很矮，弓着背都够不着。而且必须满足入伏后连续放晴三天的条件的茉莉花才能够用来做茉莉花茶。一到中午我们就看到很多人全副武装，用斗笠、塑料布把头脸遮住进行采摘。看着这些茉莉花，虽然没有想象中那么漂亮，但还是很欣喜。我也跳下车去拍照，询问他们采摘的事。下车后可能就在茉莉花地里待了20分钟不到，皮肤全部晒伤！录了不到1分钟视频，手机就变得滚烫。

我问他们，为什么这个时间出来采摘？他们说，只有这个时候采的花才能做好茶。后来从书上了解到，茉莉花属于气质型花，在开放的时候吐香，但是采摘的标准是采"长脖子花"，也就是还没开、像花蕾一样的花。所以，一般采花人都会在上午11点左右到下午三点左右采花。然后迅速地把这些花送到工厂里摊凉。摊凉的过程相当于养花，养到晚上七八点钟它开放的时候才会吐香，这个时候工人才会一层花一层茶铺放，让茶吸香，所以他们通宵达旦都不会睡觉。目前茉莉花茶是唯一不可能用机器制作的，因为它需要观察，用手工来养护，而且要有相当经验的人才能做出好的茉莉花茶。工人要随时观察花吐香到哪种程度，若是将近天亮还没有吐完，还需要把花堆出来，如果不提出来，就会有水臭透出。这种活儿的艰辛真是难以描述。我当时也在那儿，目睹了这一过程的辛苦。做这种茶，茶叶要春天里的茶，但又要等伏天里的花。我们经常会看到很多商家炒作说什么六窨一提，其实真正的制作大概就是三窨一提，只需要三次窨制。

"伺候"一词用在制茶的茉莉花上，实在再贴切不过，由此亦可见茉莉花茶原料花蕾的呵护之难。伺花一般从傍晚6点左右开始，要持续到晚上10点多，此时花瓣的角度大致绽放到了130度左右，花香最浓，窨花再合适不过。

一旦窨花开始，便丝毫不能大意，制茶工人必须根据温度、湿度随时调整茶样。整个窨花的过程就如同照顾婴儿一般，耗心费力，一夜无眠，持续到清晨，一次窨花方才宣告结束。整个花茶窨制季，工人的作息都是黑白颠倒的。

雨天的花为什么不行？因为雨天的花水分太重，透的香不够。制茶所需的茉莉花必须要通过自然界的高温，而且要下午两点左右采摘，晚上花才会展开。实际上茉莉花吐完香之后就没有用了，所以叫"好茶不见花"，因为花香已经融进茶里了。但因为我们需要在视觉上欣赏它的美观，所以日常的茉莉花茶里仍能看见花，实际上这花已经不香了。大多数比较劣等的茉莉花茶实际上是用黄桷兰打底，因为茉莉花价格贵，香气也不够重，所以用黄桷兰先让茶里透出一股香气，然后再用茉莉花一层层窨制。

　　通过这些技术性的知识，我了解到茉莉花茶制作

者的艰辛，也认识到茉莉花茶并不完全是我以前道听途说的——对次品茶的一种处理方式。

前段时间我到武夷山去访茶，然后又到了福州，更正了我以前对茉莉花茶的一种误解，因为我们会觉得福建的茉莉花茶跟文化大有关联。一谈及茶文化，就会谈到冰心、林徽因和她们的浪漫爱情故事。冰心曾写过，以前福建做茉莉花茶，主要是供给北京，因为北京是不产茶的，而且它的水质太硬，不太适合泡茶。而茉莉花茶恰巧是一种复合茶，能掩盖其水质的不足。据说，慈禧太后也特别喜欢茉莉花茶的洁白和香气。

在福州时我还了解到，咸丰年间（1851—1861年），当地茶商做茉莉花茶，不是我们以为的一种对次品茶的处理方式，而是源于用茉莉花来为鼻烟增加香气，后来当地茶商受此启发，也开始把茉莉花加在茶里。福建应该是最早做茉莉花茶的地方，加上出口到整个欧洲，应该说茉莉花茶的产量和销量也是非常大的。我们记忆当中，北京的高茉，实际上是当时的一种饮食习惯，再加上福建本身好茶很多，大家可能也就有些忽略茉莉花茶了。

现在全国各地的茉莉花茶大都出自四川，而茉莉花产地绝大一部分都在广西的横县——茉莉花之乡。这个跟人工成本有关系，福建的人工费就很贵，成都的人工费也一直在涨。成都龙泉 20 世纪 80 年代中期曾经也是大面积地种植茉莉花，后来逐渐改成了种植桃树，就是现在的桃花故里。双流籍田也种过茉莉花，后来也是因为城市发展扩张占地就没有种植了，现在就剩乐山犍为还在大面积种植茉莉花。但是犍为的土壤没有夹江的好，而茉莉花对土壤和气候要求比较高，所以犍为茉莉花不如夹江的茉莉花品质好。好的茉莉花茶中的花不见芯，其中间的花蕊是被抽掉了的，因此就没有杂味。我们喝一杯好的茉莉花茶，认真品味的时候要尝有没有透兰，就是有没有透出黄桷兰的气息，如果有，那么这杯茉莉花茶也是不纯正的。

真正去产地看了过后，对茉莉花茶的认知就完全不一样了。可能做茶做得久一点了，才会真正去了解，作为一个茶人，要学会虚心，不能只是沉浸在自己的世界里，否则人都虚化了。有时候你都没有喝过真正的好茶，就不能擅自去说什么茶不好，或者什么厂不好。在江浙一带，人们骂人很文雅，说某人是喝花茶的，就是说这个人是下苦力的，因为他们认为只

有下苦力的人才喝花茶，所以在那边说"你是喝花茶的"是一句骂人的话。茉莉花茶价格相对比较低，保存要求也不是那么严格，不挑剔水质，而这恰巧体现了它的包容性。

歌颂茉莉花的歌曲有很多，《茉莉花》这首歌甚至登上过维也纳金色大厅的最高舞台。"梅花香自苦寒来"，茉莉花也要等到三伏天才会吐露芬芳，所以有"茉莉花的花期不到，等不来好茶"的说法。云南也有茉莉花，但那是观赏性的茉莉花，香气不行，只是长得好看而已，因为那里没有足够的温度。这和"梅花香自苦寒来"是一个道理。人类的精神领域会赋予植物很多象征性的东西。

茉莉花最开始是在福建种，后来第二波是在四川，现在第三波到了广西的横县。现在全国各地的花茶基本上都是在横县制作，福州作为茉莉花茶真正的发源地反而衰败了，可能是因为福建本地的好茶太多了吧。

啖二花

张爱玲创作于 1943 年的作品《茉莉香片》开头写道："我给您沏上这一壶茉莉香片，也许是太苦了一点。我将要说给您听的一段香港传奇，恐怕也是一样的苦。""茉莉香片"，这个名字起得典雅，让人仿佛嗅到了茉莉的清香。茉莉香片淡香袅袅，浅呷一口，入喉却过分的清苦。而这部作品也如入喉的清苦一般，不带一丝茉莉花特有的芬芳，有的只是入口之后久久不散的苦。

"啖三花"（即享用三花）是成都人的口头禅。

1951 年，国营成都茶厂在一心桥街 74 号成立，坐惯了老茶馆，喝惯了小作坊茶叶的成都人还没意识到这意味着什么。直到成都人真正喝到成都茶厂的茉莉花茶时，才品味到那种前所未有的精致和甘甜。

当时成都茶厂的花茶按品质分为特级花茶、一级花茶、二级花茶、三级花茶……花末。特级花茶和一

　　级花茶太贵，花末又太次。三级花茶在味觉享受和消费价格之间达到了绝妙的平衡，最懂成都人的生活态度，不攀比亦不敷衍，重视享受却也懂得知足常乐。

　　一杯三花，说不尽道不完的成都记忆。

　　"成都花茶就是三花，三花就是成都花茶"，这已是成都人心中不言自明的默契与认同。三花真正融入了成都人的生活——老友摆龙门阵，要喝三花；谈生意，要喝三花；婚礼上，三花用来招待最尊贵的客人。即使是成都茶厂内部职工，结婚时也不过特批两斤花末而已。茉莉花茶的珍贵，可见一斑。

用于制作花茶的茉莉花，必须是三伏天里连续三天不降雨后采摘的花蕾。一杯好茶的诞生所要经历的几百道繁复工序，实在难以用文字一一记述，但和所有的传统手工艺一样，责任和信念是其中最不可缺少的。一款茶要以次充好实在太容易，能不能把它做好，完全是制作者对自身的承诺。茶不到开汤的那一刻，永远也不会知道它的好坏，而茶一旦遇见水，再也没有回头之路。原料和工艺都不是好茶的灵魂，能做好一款好茶的法门，乃是人心。

古来茉莉花茶作为贡品，送呈王公贵族享用，后来才渐渐普及。因新茶价高，百姓又深爱其味，只能买一些新茉莉花茶碎末尝鲜。这就是老北京人钟爱的高茉。用最好的瓷碗，沸水冲泡，顷刻之间，满屋茉莉花香，此时的茶水便有了人间烟火气。

印度阿旃陀石窟的壁画里，菩萨宝冠上雕有镂金的茉莉花，似乎早已寓意着茉莉花某种佛一般的成全与牺牲。一杯之中，她仿佛不曾来过，却把毕生全部的芬芳，都融进了茶里。洁白的生命，带着完成与使命，欣然而去，独留茶为有缘的人们，诉说着曾经最美好的相遇，异国天香，恒久回荡。茉莉花，莫离茶，果真是彼此前世的约定？如此好花，如此茶，茶不曾负花，君又何忍负茶呢?

茉莉入茶，莫失莫离。

我很庆幸，"燕露春"在此经营已有近二十年了，我没有把"燕露春"这间小茶叶店做成我自己不喜欢的样子。它依旧远离繁华虚无，自有一种坚毅的生命力，不为世风所动。如有坚守，那是坚守我个人的志趣和审美;如有桎梏，也终究是我无法摆脱的宿命和难以走出的阴影。人生的真实便是如此，只能在残损之中提炼一点温存。虽然有时我也会遭遇艰难，但这些际遇就像茉莉花茶窨花时的苦累一样，即便艰辛，也别有一番滋味。

成都茶厂成立已有六十八年，"燕露春"也有快二十年历史了。光阴荏苒，白驹过隙，成都仍在热火朝天的建设中。激情燃烧的岁月里，茉莉花茶中经典的三花陪伴成都人一路走向新时代。

老成都的龙门阵，总是离不开三花。成都茶厂产的茉莉花茶，茶馆里的老虎灶，茶博士提着的紫铜长嘴大茶壶，茶桌上的锡茶托，茶客手中的景瓷盖碗，这些物件，勾勒出成都人生活的剪影，成为回首旧日成都的引子。

在成都茶厂门市部拿着茶叶票排起长龙买三花茶，是很多老成都心头不断翻开的珍贵画面。"啖三花"成为一个幸福成都人的标志。品味茉莉花茶是享乐的，又是节制的，当然，更是心满意足的。

最成都的生活，是泡在茶馆里的半日清闲；最成都的茶，是一喝就喝了六十年的一杯三花。有关三花的龙门阵，最为成都人津津乐道的有两个。

一件事是 20 世纪 90 年代，三花上了中央电视台的《新闻联播》，原因是成都茶厂在龙泉大面镇的茉莉花基地产量大增，超过成都茶厂所需量。但为避免

花农利益受损，成都茶厂尽数收购了所有茉莉花，制茶没用完的茉莉花摆满了车间和办公室。那一年，飘了一路的花香，是成都茶厂对成都坚守的一份责任。

另一件事则和三花的独门绝技有关。在 20 世纪 90 年代后期，市场上出现了许多打着成都花茶名号的茉莉花茶。但在越来越多的选择面前，成都人依然爱喝三花。茶客们都说，再怎么模仿，其他的花茶也无法学来三花的独特茶香滋味。

随着时代变迁，许多曾经的百年老字号和国营品牌都悄无声息地淡出了人们的生活。许多记忆就此被历史尘封，一段岁月就此消散。

武夷山寻岩茶

岩茶篇

2019 年 5 月 9 日，终于踏上了去武夷山访茶之旅。我做茶将近二十个年头，以前的我很固执，只卖自家生产的川茶，直到两三年前，开始接触岩茶。

闽派茶业的徐良，他家是武夷山的。认识徐良是从接触他家岩茶开始的，当时我比较感兴趣的是他们产品的名字。茶品名字取的是"羲之""公权""真卿"，"羲之"这款产品用的是大红袍，"公权"用的是肉桂，"真卿"用的是水仙。徐良说这三款是根据三位书法家的书法风格与三款茶的属性来定义的。当时我就对他有了一种亲近感，然后慢慢地了解到徐良做茶非常认真，性格也是不温不火的，每次都拿些茶叶来给我品尝，跟我讲岩茶的好处，我也慢慢喜欢上了岩茶。

去年我对徐良说，在我不十分了解岩茶的情况下，我不会上岩茶这款产品的。徐良笑着说，没关系，就交个朋友，茶先喝着。后来，徐良一再邀请，说有机会去武夷山去看一下。

山西的王丽妹妹，知道我要去武夷山，就托她在福州的朋友小贾来接我。我从成都飞到福州，一行四人开了一辆车，从福州到武夷山开了四个多小时。说来有趣，我们一行四人加上徐良，五个人来自五个省，很奇妙的茶缘。

武夷山下，清风徐来，空气中散发着丝丝茶香，从山脚下起，一圈圈茶园绕山而上，满山遍野郁郁葱葱，但正宗产茶区面积只有 70 平方公里，有 36 峰、72 洞、99 岩，且有"岩岩有茶，非岩不茶"之说。从唐代开始栽种茶叶，至宋代武夷山茶走到了巅峰，成为贡茶，绵延至今，武夷山出产的茗茶仍然在茶界纵横驰骋。放眼看去，沿街店铺茶牌林立，家家卖茶，户户茶香。武夷山不愧为称雄中华的茶乡，卖茶的茶铺一家比一家别具一格，对茶的包装更是心窍百出，一家比一家讲究，真是一片茶叶发达了一方水土。

这趟行程只有三天时间，我们希望能把核心产区的山场走完。

武夷山丹峰碧水，处处是景致。九曲溪水质洁净，溪上白鹭飞舞，山中植被繁多，茶多长在山谷之间。虽然武夷山景区外的地区也产茶，但最贵、最好的产在景区内著名的"三坑两涧"，即北景区的慧苑坑、天心禅寺侧面的牛栏坑（实际位于章堂漳与九龙窠之间）、天心岩北麓的倒水坑，与位于倒水坑两旁壁立苍石丹崖的流香涧、马头岩区域的悟源涧。

"坑""涧"是何意呢？"坑"就是山谷，山矗立而起，山之间形成坑。我在坑底时，特意向上仰望，周围洁净，毫无尘土，清新至极。而"涧"，则是因武夷山的质地主要是石子，雨水渗入山体，山体含土少，锁不住水分，从石头中溢出，水珠顺势而下，汇聚成涧，水流不绝。从地理和气候上看，"三坑两涧"深堑陡崖，幽涧流泉，夏日凉爽，温差小，这些地方土壤通透性能好，钾锰含量高，酸度适中。正因此，国家统一标准，将武夷山风景保护区所产的岩茶称作"正岩茶"。

我们一行人到的第一个产区就是马头岩。行话说的"今天你喝'马肉'还是'牛肉'？""马肉""牛肉"的由头就是这样来的，分别指马头岩的肉桂和牛栏坑的肉桂。牛栏坑的"牛肉"长在山涧里面，马头岩的

"马肉"主要长在山峰的岩石边。陆羽在《茶经》里说过"上者生烂石，中者生砾壤，下者生黄土"，长在岩石之间的茶树通常是比较好的。

马头岩的山峰是完全不一样的，很陡，那里有很多植物跟茶树共生。沿途我们了解到，当地稍微好一点的厂家在核心产区都有一两亩茶地。当地人对核心产区的保护也很到位，几乎不能砍一棵树，不能损害里面的任何植物，不能把这里的自然环境毁掉，希望保持这种共生的状态。

然后我们又到了大红袍产区，就是九龙窠的母树大红袍。实际上现在的大红袍只有那么几棵，现在市面上只有少量纯种大红袍，基本上都是拼配大红袍，即商品大红袍，因为大红袍茶树的繁殖不是那么容易的。到了武夷山我才发现武夷山的茶树品种比我想象的多很多，不像四川这边是经过扦插后改良的，武夷山的茶树本身品种就很多，所以才会有"岩骨花香"之说，让人可以体会千变万化的味道。我们到了九龙窠，了解到这里的大红袍不像四川的茶树是成片的，它是东一丛西一丛的，类似于四川的野生茶，也叫"窝子茶"。

我们也到了牛栏坑，马头岩在山上，牛栏坑在山涧下，两边是大山，山涧里的水非常舒适。牛栏坑的"牛肉"的核心产区，也分成"牛头""牛尾""牛心"，"牛心"指中间的那几棵树，可能受土壤跟气候因素的影响，价格最高的炒到了49万元一斤。其实任何茶叶之所以能得到比较尊贵、高贵的地位，可能都跟皇家有关，比如说乾隆下江南的龙井茶，还有碧螺春，都有一些典故。美国总统尼克松1972年访华的时候，毛泽东就送了他二两大红袍。尼克松觉得我们主席好小气哦。但当时就只有二两，因为九龙窠的大红袍母本大树上每年产量不会超过半斤，周总理解释说我们主席已经送了"半壁江山"给你，这才让尼克松理解这的确确是一份贵礼。现在九龙窠一带，一般人是不允许进去的，有武警站岗，只有当地人才能进，这也属于一种保护。

现在市面上基本上都是商用大红袍。什么意思呢？就是各种树种只要符合它的标准，经过它的工艺，而且还是在武夷山区域内的正岩茶所产，就还是叫"大红袍"。我们把大红袍的主体产区，包括天心茶园，都走了一遍。到了武夷山后真真切切体会到茶带来的奇妙感受。

晚上，我提议去徐良家生产车间看制作茶。茶一般是白天采摘过后晚上做青，做青这个程序茶人是最重视的。吃完晚饭，大概十点过才往茶厂走，住所离茶厂还有一个小时左右的车程。

福建那边对商品和商标的保护意识非常强，很小的茶厂，哪怕可能只有一两口锅，都有自己的商标。这也源于他们对自己产品的自信，觉得我做的茶就是最好的，我有自己所要表达的东西，所以要有一个自己的商标。他们不愿意像四川这样做成原料大省而没有自己独特的商标。

有一个很奇特的现象，武夷山周围基本上没有本地人卖茶，要么是广东的，要么是温州的，要么是江西的。做这个生意的很多都是温州人，形成了一个庞大的村落。凡是产好茶的地方都有因茶致富的共性，最开始很穷，后来慢慢有商家进驻。现在那些地方都是一栋一栋的小洋楼，依山而建，空气特别好。我第一次深切地感受到那种舒适、清新的空气。

四月底才是做茶最好的时间，我去得稍微晚了点儿。但踏进制茶车间的一瞬间，我还是被扑面而来的茶香深深震撼。我平时也经常到茶厂，包括茉莉花茶厂，包括我们自己的茶厂，但都和这次不一样。我完全被茶香迷住了。他们正在做青，我连连感叹："哇！

太香了！"任何言语都无法形容那种感觉。徐良说这就是为什么让你这个时间段来，因为做青的过程是茶的味道让人最舒服的时候。师傅的经验是做青要 45 分钟，要经过一个发酵的过程，岩茶的魅力还在于掌心的温度，或者说制茶师傅对茶的理解。制作岩茶，让机器跟茶叶对话是不行的，因为做青需要制茶师傅非常有经验，一份茶如果做青做得不好，会影响之后呈现出的品质。岩茶从采摘到我们能够喝到它，要经过半年甚至更长的时间。做青后要焙火，第一次焙火，

第二次焙火，第三次焙火，每次焙火间隔的时间都需要师傅的经验判断。

岩茶的魅力也在于它不停的变化。五月份这里还挺凉快的，有点冷飕飕的，为了保证做茶的温度，茶厂里要放木炭火——不是我们用的电炉火，如果用电炉火，反倒会对做青有所影响。只有保证一定的温度，才能体会到茶的变化和"岩骨花香"，做青的时候才能掌握它能够到哪种味道出现花香，从而判断什么时候进行干燥。当时我已经舍不得走了，沉浸在茶

香之中。茶厂师傅也满脸喜悦，他们的工作基本上是通宵达旦，因为如果不及时做青，第二天茶的品质就会变，所以他们会一直在那儿守着，随时关注做青的变化。徐良请我们坐下来喝毛茶，他说，品茶的话他们不会品成品茶，而是品毛茶，刚刚干燥的、没有经过焙火的，这样才会准确地知道这茶到底到了哪一种程度。徐良一边斟茶一边说道，你们在喝茶的时候，如果有汗水的味道，那就是在山上给你们一担一担挑茶叶的挑山工的汗水。自然这是玩笑。

我另外一个朋友阿门，他是德国人，非常喜欢茶。我跟他去逛过几次茶博会，他每次都要找一款叫白鸡冠的茶，是老四大名枞——大红袍、白鸡冠、铁罗汉、水金龟——之一。中国的茶叶品种名称繁杂，做茶一辈子的人，也有很多不知道的。武夷山的茶，种类繁多，因为交通不便，和外界接触少。早在十几年前，从南平到武夷山还需要五六个小时。武夷山与外界接触主要靠水路，这限制了很多东西，但也间接保护了很多东西。现在我们知道茶有无性繁殖、嫁接等培植方式，但以前是封闭的，不懂的，没这种概念，但事情也都在做。茶原来的培育很简单，武夷山种茶的人，只知道开花、结果、种植，开花、结果、再种。种子经过二种、三种，甚至五种、十种，从这棵树下捡的种子，种在旁边，就跟这棵树不一样，它就变化了，它结下的种子就是一个奇怪的种子，叫奇种。从奇种的树上结出来的种子，不能再叫它奇种，也不能叫它杂种，不好听，就该取名了。如何命名不同的茶？茶农就开始奇思异想——种在半山腰的，就叫"半山腰"；茶树顶上有个凸出的部分，让茶树看不到天，就叫"不见天"；武夷山的茶，有些茶树在阴凉处，发芽更慢，它都不知道春天到了，就叫"不知春"；有的叶子很大，什么最大呢，佛手最大，这茶就叫"佛手"；什么叶子最小呢，麻雀舌头最小，就叫"雀舌"……因为阿门很执着地找白鸡冠，我也特意去了解了一下，但茶博会上几乎没有，茶商都说这是非常小众的一款茶，因为大家都不会做。到了武夷山，我脑子里一直惦记着这个事情，就问徐良是否有白鸡冠。徐良说他姐夫家有，但是前两年有，做得不好，就没去管它。他说托人帮我找找，他打听周围很多制茶的人家，都说没有。他很勉强地从姐夫那里要了一点"做得不太好的"白鸡冠。泡开白鸡冠的一刹那，一股清香扑鼻而来。好香啊！我才知道岩茶并不是只有霸气和烈性，白鸡冠就像岩茶里的一股清流，它清而不轻，淡而不薄。有些人爱极了它的糯感，有些人又无法接受它的药香，爱恨两极才是它不中庸的展现。

红茶篇

如果把全世界喜欢红茶的茶客比作宗教徒，那么桐木关就是红茶宗教的"耶路撒冷"，是所有红茶信徒必须打卡的"圣地"！

第二天，徐良带我们前往桐木关。从武夷山出发，朝西北方向行驶个把小时，我们就到达了入关的必经之地——皮坑哨卡。在1979年，桐木关被国务院批准为国家级重点自然保护区后，所有外地进入桐木关的车辆和人员都需要经过报备才能顺利通卡入关。

入得关内，随着海拔的升高，"正山"的气韵就沿着狭窄而蜿蜒的山路愈发强烈地扑面而来。

莽林修竹和清溪小涧以及山坡上随处可见的小茶园，还有密集闪现的关于"金骏眉"和"正山小种"的广告牌，都在提示我们一件事情——欢迎来到"世界红茶的发源地"。

对于爱茶的人来说，武夷山至少有两个"动物园"。 个是由"牛肉""马肉""鹰肉""龙肉"
"象肉"等正岩山场组成的"岩茶动物园"——当然
了，这并不是真的动物园。另一个则是被称为"动物
天堂"的桐木关自然保护区，各种野生动植物共同构
筑了"小种"绝佳的生态环境。

若非天气特别恶劣，一般入得关内的访茶人都可
以在桐木村三港的位置看到猴子。看猴子，慢慢也成
了我们在桐木关探访小种的必要项目之一。桐木关，
是猴子的家园。是它们接纳了人类，我们的先祖才得
以在此安居乐业，种茶制茶，世代相传。

桐木关，首先是物种的天堂，然后才得以成为红
茶的圣地。关于红茶的起源，有很多传说，其中流传
最广的一个是明末清初，有一支从江西经桐木关的部
队引来关内茶农的好奇。因为太热衷于观看部队，而
把本来要用来做绿茶的茶青耽误了。在发现茶青已经
无法用来继续加工成绿茶后，又不舍得丢掉，便用马
尾松加以熏制，制成了红茶，后一举成名。这个故事
到底是真是假，今日已无从考证了。不过，红茶确实
是六大茶类里出现较晚的茶类，而人类制茶的经验也
应该是需要不断积累才会出现新的可能。所以我们相
信，红茶诞生于明末的桐木关，是偶然和必然共同作

用的结果。自此，带着松烟香桂圆味的小种红茶，逐渐成为 17 世纪后武夷茶出口世界的主力。其影响之深远，是许多关内朴实的茶农无法理解的。

好山好水出好茶，这话我们以前只是说说，我也去了很多茶山和茶厂，而到了桐木关，你会完全感受到那种生态环境就是动植物的天堂。据说那里的蛇很多，各种植物都很原生态，沿途的猴子压根儿不像峨眉山的那样。我地理学得不好，以前一直觉得福建是沿海城市，没想到植被会那么好。青城天下幽，峨眉天下秀，可这里不一样，没有人为的破坏，让人觉得世外桃源不过就是这个样子。我以前一直觉得自己的一片茶山茶园是非常好的，到了这个地方，才感受到他们的这种保护，以及当地人对这片土地的热爱。

这里的茶基本上都是野茶，茶树旁边的其他植物都不允许砍伐，体现了他们内心对大自然的敬畏。他们认为任何东西都应该和平共生。正是基于这种重视和保护，当地的生态链没被破坏，所以它的品质好。他们的守护也是骨子里的守护，而不是流于形式，喊口号。比如我们现在说不要砍掉老川茶，把老川茶保留下来，但是你看整个四川现在还不到 5% 的茶是老川茶，其余基本上都是改良过的品种。武夷山虽然因为

商业原因还是会有很多改良和引进其他品种的情况，但这些情况都是在外山。岩茶主要看山场，我当时还没有深刻的理解，为什么每一个山场的味道都是完全不一样的。那几天我天天喝岩茶，享受这种醉生梦死的感觉，完全沉浸在其中。

我们开了两个多小时的车到桐木关。实际上，正

山堂金骏眉，是武夷山红茶正山小种的一个分支，由正山小种传统工艺改良而来，以纯芽尖制成，是福建高端红茶的代表。2005年，金骏眉由福建武夷山正山茶业董事长，也是正山堂的创始人江元勋及其制茶师团队首创研发而成。金骏眉首泡制作人是福建制茶大师梁骏德。金骏眉的主产区就是福建武夷山的桐木关。以桐木关为界，关内的茶叫正山茶，关外的茶叫外山茶，当然还有其他品种的红茶，红茶的种类也是比较多的。

这次武夷寻茶很有意思。回来以后我给阿门带了一点白鸡冠，喝了之后他说要购买一些。我问他为啥对白鸡冠情有独钟？他给我说了个细节：他们在越南做外交官时，曾到过广东参加茶博会，在众多茶当中，他记住了白鸡冠的味道。对于欧洲人来说，他们最早知道的茶，就是来自武夷山的红茶。武夷山的茶是最早出口到欧洲的茶，所以欧洲人对红茶和岩茶接受得比较早。

准备离开武夷山的前一晚，徐良邀请我们看了一场山水实景的演出《印象大红袍》，让我深受震撼，与里面的场景产生了共鸣。当观众台转动的那一刻，我感觉像是一千九百八十八个人围坐在一个巨型茶馆，谈天说地，品味人生。《印象大红袍》是借茶说山、说文化、说生活，突出一个和谐生活的理念，希望大家把烦恼、抱怨、痛苦和郁闷都放下，喝杯茶，享受茶的宁静和谐，享受美好的生活。在此用剧中的《七碗茶诗》为此行画上一个圆满的句号："一碗喉吻润，两碗破孤闷。三碗搜枯肠，唯有文字五千卷。四碗发轻汗，平生不平事，尽向毛孔散。五碗肌骨清，六碗通仙灵。七碗吃不得，唯觉两腋习习清风生。"人生七碗茶，哪一碗是我的呢？

柴米油盐酱醋茶

我们中国人，几乎都要跟柴米油盐酱醋茶打交道。它平平淡淡，是你生活里的一部分，平淡到你都不会太注意它。但它也是你生命记忆里的一部分，抹也抹不去，变也变不了，朴实又亲切。

"民以食为天，食以味为先"，一间房子、一个遮阴的地方都是家。可以没有华丽的装修，家具也无须整整齐齐，但开门七件事，少了一件都不行。

"柴、米、油、盐、酱、醋、茶"，用味道记录中国人质朴的生活，更让每个中国人形成自己不一样的独特口味，生活有了它们，才有了滋味。

我们的祖先最先是把茶叶当作药，从野生的大茶树上砍下枝条，采集嫩梢，先是生嚼，后是加水煮成汤饮。后来又变成了药食同源的一种生活必需品。柴米油盐酱醋茶，茶在这里更多的是食品了。

一次，我和朋友们相约去崇州看油菜花，品私房

茉　　席家茉　　之前，在网上和作家林雪儿对茶有一番讨论。

唐代的煎茶，是茶的最早饮用形式。之后是宋代的点茶法，点茶是为了更好地斗茶，斗茶的茶汤好看。现在日本的茶道，用的抹茶就是茶粉状，这是宋代斗茶的一种延续和发展。草根出身的明朝统治者，不喜欢这种过于精细委婉的点茶法，于是取消了进贡团茶的制度，点茶法也逐渐没落。

史书记载，明朝皇帝朱元璋喜好一切从简，他认为旧有的贡茶工艺过于精细，徒耗民力，于是要求"废蒸改炒""废团改散"，久而久之，使得"揉而焙之"的炒青散茶最终成为主流。所以从明朝开始盛行散茶，直到现代。

而我们一说茶道，首先就会想到日本。在唐宋时期，茶传入日本，在公侯贵族和上层武士之中流行。日本现在的抹茶就是源于我们宋朝的点茶，源于以前的斗茶，讲究粉磨得如何，色泽怎么样。日本抹茶沿用宋朝的点茶法，但形成了自己的茶道文化。而我们自明朝开始，点茶就基本不流行了。抹茶很讲究，而日本茶道又特别注重仪式感。里千家、表千家、武者小路千家，这三个流派是日本茶道祖师千利休的后人，合称"三千家"。今日庵是里千家的祖庭，现在的抹茶就是里千家传世的，有很多外国元首到了日本都会前去体验一番，被誉为"一碗茶的和平"。

讨论暂告一段落。

驱车去崇州重庆路——网红油菜花打卡地。我们把车停在路边，扑进油菜花地拍照，欢笑不断，甚至忘记了席家菜。席老师不停地打电话催促，我们才恋恋不舍地回到车上。

亚美尼亚友人 Armen Gevorgyan（阿门·格沃彦）对我们见到菜花如此开心非常不理解，他的眼里充满担忧。他问我，你们是不是吃这种油菜榨出来的油？我说是啊，怎么啊？

阿门说，在欧洲，这种油菜是作为生物菜油。他认为大量滥用农作物，比如这种印度油菜来占用土地是对环境的破坏，这会导致土壤的板结，甚至可能导致土壤沙化。

阿门的话让我很吃惊。在我的记忆里，印度油菜是包产到户的时候出现的。红油菜用于吃菜薹，黄油菜用来榨油。后来发现黄油菜菜薹也可以吃。印度油菜虽然非常矮小，但产量很高，更多是为榨油而种植。确实，在这之前我们从没有深层次地考虑过这个

油菜花与环境的问题，我们开心仅仅是因为春天的到来。

其实现在很多人都不知道我们随处可见的油菜花是印度油菜而不是黄油菜，我也是因为有一段时间在农村亲眼见过印度油菜的试种，所以晓得。真正的黄油菜榨出来的油是金黄的，而印度油菜籽榨出来的油是黑色的。当我们有辨别能力的时候还是会选择黄油菜，不管是在拌菜还是炒菜的时候都会觉得香很多。

印度油菜不需要太多管理，长得不高但产量很高，很受农民的欢迎。我问过一些曾经当过知青的朋友，可能是因为对农作物的不在意，对黄油菜和印度油菜的区别也像我们一样没有什么感觉。但阿门这样的国际友人，他们的视野不一样，看到的问题、想法也就不太一样。

这让我想起了当季蔬菜与反季蔬菜的问题。蔬菜一定要吃当季的蔬菜，当季蔬菜、水果本身有自身的美味与香甜，有机保留了食物的原汁原味。而反季的东西则是失去生活本真的一种体现。比如说西红柿，如果你们是冬天去超市买，看着长得那么大，那么红，尝一尝还有没有原来的味道？美国有位作家曾经说过饮食是农业的活动，当我们的农业变成了工业化的农业，显然对人类生态链的破坏就到了非常严重的程度。

成都被誉为"世界美食之都"，川菜早已香飘海内外。而我们都喜欢的、闻名遐迩的"回锅肉"跟"成华猪"有紧密联系。如果追溯回锅肉之源，追根到底离不开"成华猪"的功劳。应该说，用四川的"成华猪"为原材料做出来的回锅肉，才属正宗，才能回归原本的"成华猪肉川菜香"。

　　什么是"成华猪"呢？"成华猪"已濒临消亡，在成华区已无农户饲养此种猪，所以连成都本地人都不了解这种猪了。这实在是一大损失啊，真心呼吁有关部门引起重视，要加以保护！不要愧对在这片区域世代生活的老百姓。

　　我小的时候，农村都是养黑毛猪，有一句话是"黑毛猪儿家家有"。我记得那时候家里炒回锅肉，香味飘出去很远。我读小学时家里吃肉，每个人只有一两片，我总是要留一片肉用纸包好，带到学校慢慢吃。我上高中的时候，家里就开始养长白猪，半年左右就可以出栏，经济效益确实很好。那个年代卖饲料的人、配种的人很多，家家户户都开始喂养长白猪，都想成为养猪大户改变现有的经济状况。慢慢地，我们的本土猪种就越来越少，逐渐消失了。

　　现在的生活状态让人觉得有机是一种奢侈品。以前我们的梦想是快速发展经济，我们的记忆还是有机的，但是我们的生活却已很难做到。我们每个人都在为恢复地球的健康买单。

　　柴米油盐酱醋茶，吃最重要。现在我们可以开吃了。

　　席老师的席家菜，上菜方式很特别，吃完一道才上下一道，就像法国大餐一样。上凉拌鸡的时候，朋

友龚姐姐说她有一次带席老师到蒲江的农家乐吃饭，让厨师用一只跑山鸡凉拌、红烧——这叫"一鸡两吃"，厨师做菜的时候席老师就在旁边看。结果发现酱油、花椒、油这些调料不是他认可的，他就干脆把自己放在汽车后备厢里的调料搬出来，送给了那个厨师。

还有更精致的，席老师为了包油渣水饺，一大早去买新鲜的边油，回到家立即熬油，待油渣泛出金黄色，捞出油渣待用，顺手把熬出的一大锅猪油倒掉。

棱子大惊，啊？为什么他要倒掉那么好的猪油？

因为做油渣水饺不需要猪油。

柴米油盐酱醋茶，样样都是人生。为人处世，也当如此，懂得：像柴一样热情，像米一样实用，油一样润滑，像盐一样有味，像酱一样增色，像醋一样多能，像茶一样包容。为人处世、德才独立的智慧，书本说得再详细，也未必所有人都能读懂。深的智慧，往往藏在生活的小细节里。只差一位有心人，去体会，去领悟。当你感恩生活平凡却不失趣时，生活也会把藏起来的智慧展示在你面前，赠予你最美好的礼物。

"柴米油盐酱醋茶"告诉你什么道理了呢？

腊八，除了粥还得有茶

从去年开始，有位做出版的姐姐就建议我讲一下茶。作为一个做了二十多年茶的人，如果是十年以前，我会非常乐意。但做茶做得越久，我反而越不敢讲了，我觉得我越来越不懂茶了。

2006年，我在峨眉茶艺学校担任副校长，给成都会馆新招的茶艺学员上课，那一批学员在新都进行封闭式授课。那时候我的胆子真是大啊，觉得自己什么都懂，有关茶的知识几乎可以如数家珍。多年以后，回想那段时光，我自己也记不清当时究竟讲了什么内容，甚至对当过老师的经历也淡忘了。有一天在路上偶遇一个学生，听到她叫我唐老师，才恍然想起自己曾经讲过茶。

人或许与茶一样，慢慢沉下来，会发现自己什么都不懂。当一个东西还是知识的时候，什么都能说，什么都敢讲。当时给大学生讲课难不倒我，是因为有

稿子，只要依靠记忆把知识点背下来，就可以恣意纵横，讲得神采飞扬。至于别人是否接受，并不会影响我的状态。当然我更不会去过多地思考，这些知识有没有融入自己的生活，有没有融入自己的内心。

我只想给大家分享一下这二十年自己做茶的点滴。

今天之所以以"腊八，除了粥还得有茶"为主题，是因为这跟养生文化有关。说起腊八节的历史，可能大家都比我更清楚，而我想分享的是与茶有关的内容。我们腊八喝粥，是因为喝粥是民间的一种饮食习俗，有养生的功效。而茶不但修身，还养性。

一开始我们在商量以什么方式讲课的时候，聊到了二十四节气，大家就建议讲二十四种茶，或者因节气来说茶。我当时就提出，这是一个伪命题，因为茶是因人而异的。苏东坡说过，茶无珍品，适口为佳。

在茶界中有很多乱象，对某个品种的炒作，对消费者的误导，等等。我们今天不深入探讨，我觉得自己对此没有话语权。

我看过很多关于茶的书，发现大部分的内容就是将《茶经》重复抄写，或者就一个点而展开，反复写，但做茶的人一眼就可以从中看出很多硬伤。茶有非常强的专业性，而所谓的专业又需要对实际的认知和对具体操作过程的熟稔。前段时间有几个农大的研究生到我这里来实习，我就发现他们对茶的理解有时令人啼笑皆非，在他们，理论和实际还远远没有融合。

我接触茶，是从绿茶开始的，它干净、清纯、无污，最接近大自然。我们燕露春的绿茶，全部采用传统工艺制作，在很大程度上保留了茶的本香。有个作家曾经用"闻遍天下茶最香"来形容燕露春的茶。

很多人不知道，茶也会醉人，而且醉茶比醉酒更厉害。茶里面有茶碱，过量摄入后，就会头昏耳鸣，全身无力。不过，解除茶醉的方法也很简单，吃块糖就行了。这也是喝茶需备茶点的缘由。在所有的茶里，绿茶最易使人醉。我刚接触茶那些年，一到春茶上市的时候，每天至少要品五六种茶，用自己的味蕾去感受，天天醉茶，天天"醉生梦死"。

茶味易染，稍不注意，茶香就会受到影响。有一次，我在验收茶叶的时候喝出了柴烟味，要求退货。茶厂拒绝退货，并且否认茶叶有问题，坚持说他们已反复试饮过多次，没有尝出问题。于是我直接打电话给制茶师傅，师傅说我太厉害了，这是开春第一锅茶，不小心呛了点柴烟进去，一般人是喝不出来的。而厂家为了减少经济损失，就加入了一些新茶，想掩盖柴烟味。然而，这种异味是掩盖不了的，只要沏上一杯茶试饮，马上便知。

我曾经有个理想，如果自己开茶店，花茶、红茶之类的统统不卖，只卖绿茶。但真正开店后，才发现丰满的理想与骨感的现实之间的差距。不到一年，我就放下了这个不切实际的想法，开始接触所有种类的茶，包括红茶。

很多事情都是无意间产生的，红茶的出现也与巧合有关。红茶曾经叫乌茶，据说是在采摘、制作、运输过程中因温度变化导致茶叶颜色变乌、变黑，所以被称为乌茶。也有记载说是战乱时期，有士兵发现人的体温可以导致茶叶变色，并且口感也会发生变化，便将其取名为乌茶。中国人历来喜欢喝绿茶，变了颜色的茶肯定不愿意喝，而外国人觉得经过发酵的茶去掉了绿茶的苦涩，更适合他们的味蕾，指定要购买乌

茶。中国人虽然不明白茶叶变色的原因，但出于利益的驱动，开始对乌茶进行研究，改进发酵技术，进一步扩大了外销量，并取名红茶。把乌茶改称为红茶，也许与中国人对红色的喜好有关，讨个吉利喜庆的彩头。

外国人喝茶不像中国人追求意境和精神上的依托，他们更讲究标准，讲究量的多少，讲究科学搭配，并且带动了许多科研机构对茶叶内含有的化学成分进行研究。研究发现，红茶含有大量儿茶素和氨基酸，而经过180℃的发酵转换产生的茶红素对身体也有许多益处。慢慢地，红茶就融入了西方饮食文化，尤其是成为英国饮食文化中的一个重要组成部分。

有趣的是，作为红茶主要输出国的我们，在20世纪80年代才开始对红茶进行研究。至于红茶的营养成分，大家可以百度，这里不多讲。

在英国，红茶作为下午茶的必备饮品，是从贵族阶层开始流行起来的。16世纪，葡萄牙公主凯瑟琳嫁到英国，红茶正是公主带去的陪嫁物品之一。因凯瑟琳公主对红茶的喜爱，在英国贵族之中掀起了一股喝红茶的风潮。后来，英国人又发现了红茶其他的功效，比如有人拉肚子、胃肠不舒服时，喝一杯红茶，很快就会有所好转。于是，英国人便养成了日饮一杯红茶的习惯，并且从亚洲大量进口茶叶。这就是为什么英国本土不产茶，却成为全欧洲最大的茶叶消费国的原因所在。

鸦片战争爆发的导火索之一就是茶叶贸易。英国需要大量的中国茶叶，而中国只要西方的白银。茶叶在当时的销量非常大，导致大量的白银都流向中国。但中国又不需要西方的商品，这就产生了巨大的贸易逆差。英国人为此想了很多办法，到中国来偷运茶种，将茶树的种子带到了西方，结果发现欧洲的气候和土壤不适合茶树的生长。后来，英国人发现印度和斯里兰卡等殖民地的自然环境适合种植茶树，便将中国的茶树带到了印度和斯里兰卡，将原本种植的经济作物，如可可、咖啡等，都改成了茶。再后来，英国人又高薪聘请了许多云南、福建的茶农到他们的殖民地去培植茶树，使得曾经是茶叶原产地和产茶大国的中国，反而不如印度、斯里兰卡的产茶量大了。

大家有没有发现，欧美人喝茶，都喜欢加奶、加糖，他们是要把原本的茶香给掩盖住吗？其实不是，因为一开始英国人不懂茶，觉得茶有苦涩味，便在茶里加入奶、糖，感觉这样的味道很可口，慢慢便成了时尚。茶叶传到英国后，英国的糖消费量增加一倍，可见红茶在英国受欢迎的程度。

我的一个朋友觉得国外的红茶与中国的红茶是两个概念，她说立顿红茶是调制出来的，就像饮料一样，不像我们中国人平时所喝的茶。这两者确实有所不同。立顿红茶是苏格兰百货商人汤姆斯·立顿创立的品牌，他们的产品主要是把茶叶加工成粉末，以茶包的形式售卖，而且多为拼配茶。虽然每年的配方都会有细微的调整，但同一销售年份，全世界的同一款立顿茶包的口味都是相同的，从而保证产品的一致性。而我们中国传统的红茶，不同的茶种、不同的产地，口味千差万别，甚至同一家茶厂的两位制茶师傅制作出来的茶叶都会有区别，这种口味上的差异是中国红茶的魅力所在。我们中国人喝茶，是直接用制作好的茶叶冲泡沏茶，茶叶的产地、风味、性格，都在茶汤里。至于英国人对红茶喝法的改良，中国人也能理解，因为红茶是最具有包容性的。藏茶加酥油的演变，跟这个也比较类似。慢慢地，喝英式红茶，就成为白领洋气的生活方式了，最后成了下午茶、办公茶的一种文化体现。

说到这里，我想起了日本冈仓天心的《茶之书》。

他以"茶道"为切入口，娓娓道来，条分缕析地剖陈日本古典美学的精髓，通过茶道的产生、流传、仪式及其背后的哲学思想，来解释日本的生活艺术和审美观，为西方人理解东方文化及艺术之美打通了一道壁垒，由此也被欧美人士誉为是日本第一次向世界输出文化观念的代表作。《茶之书》，让我们看到了一个无比热爱亚洲文明的冈仓天心，这个文明被冈仓天心抽象为"爱与和平"。他认为近代西方文明将人变成"机械的习性的奴隶"，而亚洲才是真正具备人性的所在。现在一提起茶道，我们往往就会想到日本，而忽视中国茶道。但事实上，日本茶道的源头在中国。

说到茶的好处，我认为只要是喝茶肯定都好，并不能说哪一种茶就一定比另一种茶好。每个人的饮食习惯、口味爱好不同，在茶的品种挑选上也各有喜好。

最近三十年，许多国家开始研究茶对人身体的有益成分到底有哪些。世界卫生组织建议大家每天一杯绿茶，但很多人说绿茶性寒，伤胃，喝了不舒服。我个人认为，这个说法并不准确。工业革命的时代，没有人再大量选择传统工艺来制作绿茶。为了快捷，为了保持所谓的绿，绿茶几乎都是通过机器加工，没有把工艺做到位。我们只得退而求其次，选择喝红茶，因为红茶是发酵茶。而如果绿茶按照传统工艺制作，对人体是非常有益处的。

当然，红茶也有优劣。有数据显示，四川红茶曾经是国内出口量最大的红茶，但后来反倒被武夷山正山小种、金骏眉这样的品牌占领了市场。

很多时候，商标更容易在消费者的脑海中留下印记，就像一夜之间，金骏眉就成了一种时尚。但大多数人不知道，金骏眉的成品茶其实大部分来自四川的马边。每年到马边原产地买红茶的福建茶商，比我们本地的人都多。马边销售的金骏眉是成品，各大买家购置后，只需要贴上自己的商标就行了，而价格却可以炒到一斤两万多元。"川茶出川变龙井"同理。

茶界的乱象是很可怕的。很多时候，消费者都被茶人引歪了。茶人说普洱茶好，消费者就都去盲目跟风，以喝普洱茶为时尚。普洱茶本身是好茶没有错，但放置上五十年一百年再喝，对身体就有害无益了。四川的天气如此潮湿，并不适合放置普洱茶。有人说普洱茶喝了减肥。想一想，放了这么久的茶，大肠杆菌肯定超标，喝了肯定会拉肚子啊。而普洱茶运到西藏等地，经过高温消毒，再往里加奶，加酥油，形成了茶马古道文化，那就另当别论了。

2003 年到 2005 年间，商家受利益驱使，大肆炒作普洱茶。你们都不知道那有多么疯狂。有不良商家就急功近利，一夜之间普洱茶就可以发酵出老茶的颜色和口感，你们想想，那对人体的伤害有多大！对普洱茶这一品类的伤害又有多大！

我认识一个云南的茶老板，他跟人商量压货，今天这个仓库50万元，明天150万元，后天300万元，再后天500万元……交易的筹码就凭手里的钥匙，压根连仓库都没有打开，数据就一直滚动。那阵普洱茶的风一过，不知有多少做茶的人跳楼。

那时，为什么大家要炒作普洱茶，而不是绿茶呢？因为绿茶一年后不保鲜了。茶商多聪明啊，他们炒茶，炒的就是概念，炒的是让大家觉得能够喝的古董。不过，有钱阶层需要普洱茶这把刀来砍一刀。就跟后来的人炒山头、炒班章、炒冰岛一样。

当下中国百姓对茶的需求量不大，但对于以前的文人来说，茶给他们带来了精神领域的丰裕滋养，所以我希望，现在的茶也能真正给我们的生活、身体带来一种舒适、享受的愉悦，而不是跟风炒作。

很多人觉得应该夏天喝绿茶，冬天喝红茶。这也是一个伪命题，其实我觉得不太有道理，这些都是商家的推销手段。红茶本身并不存在上不上火的问题。茶是可以换着喝的，关键是要找到适合自己的茶。比如有些人喜欢花茶，"老三花"对他们而言，是记忆的味道。而我一喝花茶，就老想到以前的加班茶。人的身体非常敏感，它可以自己做出选择。大家可以轮换着喝，感受哪种茶带给身体的反应最舒适。我一直提倡的"一方水土养一方人"就是这个道理，四川人还是喝四川茶。总而言之，喝茶没有那么多复杂的讲究，喝自己喜欢的茶就行了。

有朋友说我喝了二十多年的茶，整个人都已经被茶滋润了，血液都变成了茶水。我的血液里也奔流着茶瘾。见证过我犯茶瘾的朋友都知道，哪天忙得没有时间喝茶，那么到了下午，眼泪、口水都出来了。

做茶多年，我走了很多地方，每到一个地方，都会寻访茶叶店，比较各地茶文化的不同。

比如西安给我的印象，就是一个没有自己城市专属茶品牌的城市，没有属于自己独特的茶。这不奇怪，就是生产茶的地方也无主流。流行铁观音时，每一家店都是铁观音；流行普洱茶的时候每一家店都是普洱茶。西安的茶叶店称为茶秀，我去的时候，专程拜访过当地最具特色的"素心茗"茶秀。素心茗的装修很古风，古瓦古砖，进门就是一尊佛像，颇有茶禅一味的感觉。整栋楼都有很好的水系统，人一进去，恍然是回到了唐朝。朋友带我参观了整栋楼，五楼是淑女堂，摆着古筝，挂着书法作品，看起来非常唯美，是修身养性的好地方。茶秀由一个主持打理，来来往往掺茶水的都是小和尚或者居士，令人产生世外桃源的感慨。

在这样唯美的环境里喝普洱茶，最便宜都是88元一位。但酱油色的茶汤，一看就是完全化学发酵的茶。

如果我看见寺庙住持开着悍马车出门，就会突然觉得茶一下子与生活离得很远了。我们都在说茶禅一味，精神与茶契合，但如果是这样的茶，就与禅背道而驰了。这样的茶，养不了生，也修不了性。

喝茶也是生活的一种积淀，现在很多年轻人就不喜欢喝茶，而是喜欢喝饮料。这跟饮食习惯有关。比如火锅、烧烤、串串这些重口味的川菜，把很多人的味蕾感觉都破坏了，只有喝饮料来得更加刺激。再加上现在的生活节奏快，饮食快餐化，他们没有时间静下来喝茶。我相信，随着年龄的增加，他们也会去追求慢，也会静下心来喝茶，爱上茶。

我现在最怕听人讲什么茶应该怎样泡，必须要用什么器皿。有时候泡茶其实是随心的。虽然我们也会告诉客人哪种茶适应哪种温度，但如果一定要按标准来，反而泡不好。我们之前说保温杯里面千万不要泡茶，但好的红茶在保温杯里面也可以闷半天。实际上，所有的茶都是根据时间、地点、大环境变化着

的，所有的器皿都可能解读出不同的茶味，是我们把茶搞复杂了。在明朝以前，中国人喝的茶大多是茶饼、团茶，烹茶方法主要是煮，也叫煎茶；到了明朝，茶饼和团茶就很少见了，人们大多喝散茶，用冲泡法沏茶，比较接近于现代的饮茶方法。煎茶和更古老的抹茶技艺在唐朝随遣唐使传到了日本，形成了独特的日本茶道，制定了一套仪式化的规范。每个地方的环境、人对茶的理解是不一样的，还是回到苏东坡的那句话：茶适口为佳。

为什么日本茶道虽然有很多程序化、仪式化的东西，但最终还是很简单呢？日本茶道回传到中国后，机械化的知识反而破坏了对茶的理解。

每个人所拥有的最大一笔财富就是自己健康的身体，所以我们应该好好地活着，包括好好喝茶，喝健康的茶，根据自己的生活习性来喝茶。就像大家都说铁观音好，用炭烘焙，符合卫生组织干杂绿、汤色绿、叶底绿的三绿标准。但铁观音的茶碱很重，没有经过发酵的铁观音让人喝得有些手脚发凉，嘴唇发乌。这样的茶，并不是每个人都适合，一定要找到适合自己胃口的茶。

我还发现有的人是为喝茶而喝茶，比如福建人，

他们很讲究，也很有仪式感，是一种在烦琐生活中让自己很舒服的、让节奏慢下来的仪式。喝茶是他们的日常，好的茶具是他们的脸面。而大多数成都人喝茶是为了社交。

茶对我来说，不仅是我的职业，也是我的生活。经过二十多年茶水的浸润，我在朋友的眼中是另外的一个人，有包容性，柔和，坚定。而在以前，我的整个人的气质是硬的，眼神很犀利，说的话是下定义，很绝对的语气。

是茶让我变得很柔软。

致敬有机生活的践行者

2016年，在一次倡导有机生活的活动中，有几位老师表达了他们对"有机生活"的看法。诗人张新泉老师说："在我看来，有机生活者就是利他者和向善者。"作家棱子老师说："有机生活就是顺应自然的简约和自在，回归本质的从容和淡定。"马驹老师说："以敬畏之心，小心翼翼地保持着与自然的关系。"而任芙康老师说："我不懂有机、无机，如果合适，如果自在，如果舒服，只管生活就是了。"这句话对我的触动很大，我觉得这才是我们要追寻的回归。很多时候，我们被太多东西束缚了。

世间本无"有机"这个概念，几万年以来，人类一直过着纯天然的生活，"有机食品""有机茶"（20世纪70年代提出）完全是近两百年以来人类步入工业化后的产物。当生态遭到毁灭性的破坏，土壤和水源受到严重污染，当人们的生存权受到挑战时，才幡然

醒悟的一种补救措施罢了。今天，我们依旧肆意地烧
着汽油，享受着汽车的便利，日新月异的高科技让我
们不断地探索着未来，我们咒骂着雾霾和被污染的土
地，以及依然严峻的食品安全危机，我们又很想回到
过去。就这样，我们在被污染的天空下吹嘘着喝茶的
种种好处，却继续在追求利益最大化与破坏生存环境
中挣扎着、博弈着。

人类对有机生活的向往起源于 20 世纪初的西方。西方国家经过两次工业革命，工业制造业已非常发达，于是在农业生产中也大量使用化肥和农药，以减少人力投入并且增加产出。到了 20 世纪 70 年代，农田因为过度使用农药、化肥而出现盐碱化、贫瘠化现象，很多农药的污染问题开始为大众所知，受到各国政府的重视。从 20 世纪 70 年代到 90 年代，德国、英国、法国等欧洲国家的科学家、农业生产者和消费者团体掀起了有机农业的风潮，促使很多发达国家出台法律法规，有机农业的市场快速发展壮大。近几年，德国民众发起了"我们受够了"运动，反对农业工业化，反对农业寡头企业的行业垄断，支持小型农场、家庭农场，提倡对环境更友好的生态化农业生产方式。

而中国人是在 20 世纪 80 年代后才有这种意识，直到 2000 年左右，当含有苏丹红、三聚氰胺的食品被曝光，公众才开始真正意识到食品安全问题。矛盾的是，虽然我们开始在意食品的安全，但在中国推广有机产品却非常困难。因为大家都觉得"有机"是一个很昂贵的东西，消费不起。而且，绝大多数人对有机概念的理解更多停留在最后的商品方面。实际上，有机是生产链环境的整个构成。所以我说有机生活是一种生活态度,是生活品质的回归,我们都应该成为有机生活的践行者。

德国受工业革命的影响很大,率先提出了"我们受够了"这种主题来倡导有机。后来有一些德国的专家到中国来推广有机食品和有机生活理念,因为资金链断裂,地方政府追求业绩,而推广不下去,最后回国的时候都非常难受。但是,他们的认真和执着是令人敬佩的。

在德国,有机是人们一种敬畏自然的生活态度,他们已经受够了工业文明带来的坏处。如果时间合适,我们在明年春天会邀请德国科学家来做一场关于有机茶、有机土壤、有机生活的对话,了解一下他们的认识和见解。

中国的古人其实是很敬畏自然的,但现在我们却疏远了自然,也不知道什么才是真正的生活了。这又要回到我为什么一直推广老川茶,为什么说老川茶是唯一散落在民间的茶,因为它是完全的有机茶。我之所以推崇老川茶,是因为几十年来种植它的土壤一直没有改变,品质没有改变,制作工艺没有改变。当然,或许专家们并不是这样认为的。

　　我曾经说过保护老川茶，留住老传统。以前雅安、都江堰上游有一种西路边茶，特别好喝。但现在用相同的温度、相同的发酵方式制作出来的茶，却失去了那个味道。这是因为制作过程中缺失了自然风干的过程，缺失了对温度的理解。有经验的制茶人真的会"察颜观色"，只有到了合适的温度，他们才会使茶干燥。这又回到了我一直提倡"一方水土养一方人"，四川人还是喝川茶的好。

　　同样，蔬菜一定要吃当季的，顺应时令的蔬菜和水果才有其本身的美味与香甜。相反，尝一尝部分反季的西红柿，还是原来的味道吗？

　　现在很多词都被用坏了，卖茶的人都称自己是
"茶人"。而我觉得茶人是很崇高的，不是每一个卖
茶的人都担得起这个名头。作为一个有机生活的践行
者，我对自己的要求很高。"燕露春"在这里做了20
多年，没有用昂贵的消费来获取利益，这也是一种践
行，我觉得我自己的生活状态是有机的。

　　可能都没有人会相信，我在峨眉有一个茶厂，投
资了五六年，每年都在亏损。那里有六千亩的茶园，
不要说打农药，就是正常的采摘都无法完成，每年要
荒废三千多亩。很少有企业愿意把茶叶厂修在距离茶
叶那么近的地方。如果茶厂离基地远，不仅鲜叶的鲜

度无法得到保障，而且在运输过程中，鲜叶还会受到二次污染。我们把厂房修在茶山旁边，是因为可以减少损耗，减少污染，但是成本会非常昂贵。所以说年年亏损，却又年年坚持。

有细心的朋友已经发现，我们做茶叶包装的小妹是不用护手霜的，就是担心串味了。其实这个就是

　　"有机"的理念，是发自内心的践行。如果每一个人都有这样的理念，那么我觉得"有机"就会发展得很好。

　　其实有机生活离我们并不远，我的一个朋友在蒲江老家有一小块菜地，她把在成都家里削的萝卜皮、水果皮等用垃圾袋装起来，等回蒲江就埋到土里。只要可以降解的东西，她都会把它们埋在土壤里，所以她那里的花草长得特别好。在她的生活里，"有机"已经是她的一个习惯了。

神秘悬崖，传奇野茶

茶叶越神秘，越让人着迷。

陈小崖告诉我，"江子崖"是一款"很悬"的茶。他说野茶不一定都是崖茶，崖茶一定是野茶。江子崖天生地养于诗仙故里江油西北部的藏王寨村，长于悬崖峭壁之上。

同时"江子崖"恰巧与《封神演义》中的人物"姜子牙"谐音，充满了神秘性。

原谅，我对茶"入戏太深"！

2021 年 4 月 17 日，陈小崖邀请我们一行中外爱茶人去江油藏王寨自然保护区茶园寺探访野茶。

出发之前了解到，藏王寨村是全国规模最大的野生茶自然行政村，崖茶生长地是全国数量最多的，是全世界最漂亮的辛夷花童话世界，是国家一级保护植物悬崖上的巨瓣尾囊草与野生崖茶共生地。

车行至藏王寨村一角，开始徒步登野茶山。

高山的春天，第一波方始。向阳处，很多乔木和灌木的叶子都才刚刚抽芽，是一年中最好看的鲜嫩的新叶。

沿途，那些云雾萦绕的峡谷森林里，蕴藏着各种野生古树，其中就有古茶树。没有人知道它们已经生长多少年。村里人说爷爷当年去采过茶，而爷爷的爷爷也可能受过茶树的恩泽。人和自然的和谐生长，就是一方水土和一方人情。现在藏王寨建了自然保护区，那野生茶树所在的茶山更是人迹罕至。茶树重新回到了宁静的自然里，默默吸收着天地的精华。

这些野生茶讲述的是大山的语言。

每个做茶的人，可能对自己的茶都有一些偏爱，不只是口味偏爱，还有许多深情的寄予。对这些千年野生茶，目前掌握加工工艺的茶企少之又少。陈小崖从福建请来了坦洋工夫茶非遗代表性传承人——八十二岁的李宗雄老先生，成功试制了江子崖野生红茶。

因为懂得，所以珍惜！

18世纪英国著名诗人拜伦有首著名的诗体小说《唐璜》，其中的一句依据今天的情景改编一下也好：我觉得心儿变得那么富于同情／我一定要去求助于江子崖的红茶。

谷雨过后，人去，空山依旧空。

生活的状态

爱茶已经很久，凡遇适当的场合总有想表达的冲动。几年来阅读了许多与茶有关的书，也拜访了好些茶界高人，力图通过一些途径悟出些许与茶有关的道来。生活中便常常做些"茶事"，连自己的名片上也印上了"茶人"字样。

高朋满座的时候，我习惯侃侃谈茶，从茶的生长到茶的历史，娓娓道来，友人皆报以赞许之意，我也心生得意，并继续从书中、从他人的谈话里获取、了解更多的关于茶文化的知识，以能在朋友相聚时博得更多的称颂。

一日，店内来一川西高原汉子。他一进门便大声吆喝"倒杯水"，全然没有常人的礼数。见他粗鲁，心生不快，心想："土包子，没看看这是啥地方！"我一直把自己的茶店定位成"雅舍"，可谓"谈笑有鸿儒，往来无白丁"，怎容得这等"粗俗之徒"，但我

没有把不愉快写到脸上。店里小冷出于职业习惯，很快端水给他。此人落座后也不看别人表情，自顾东张西望，到处打量，嘴里自语："我是来等人的！"店里没有人理会他，他也不惊不诧，悠然自得，全然是在自己家中一般自在。一会儿，他又大声说："烟灰缸呢？"我抬头白他一眼，意含不满，他却自顾饮茶。他等的人终于来了，我们方知此人是店员小马的妹夫。从他们的谈话中知道了他来自川西高原，刚来成都不久，打算做建材生意。

　　小马边聊天边把玩茶具。小马的妹夫见茶海中放着的几只金蟾，禁不住好奇地问："这是啥子哦？"

　　小马说："这是我们养的金蟾！"他瞪大了眼睛，吃惊地看着小马，"养的？这金蟾是死的嘛！"（茶人眼里，一草一木都是有生命的。为了增添品茗时的情趣，常会在茶海里摆放许多泥、陶、瓷等材料制作的小动物，平常以茶水灌淋其上，谓之"养"）

　　小马愕然，众皆无言。我心一惊，恍若从梦中醒来："须知道茶道之本不过是烧水点茶而已。"（日本茶道宗师千利休语）我却执着于茶人虚名，痴迷于高谈雅论，所谓粗人竟然尽得生活真意。惭愧！！

从鱼说起

已是深秋时节，连续几日的阴雨将秋天最后一丝暖意也弄得凉飕飕的了。好不容易昨天放了晴，想去郊外晒晒太阳，今日便乘车从成都到了邛崃。

邛崃的阳光并不如我想象的那样灿烂，而且越来越羞涩。因为不认识路，便坐着脚踏三轮车去文君井公园喝茶，顺便向三轮车师傅打听邛崃最好吃的奶汤面是哪一家。三轮车师傅看样子接近五十岁，穿着洗得已经翻白的蓝色中山装，这样的装束在成都周边区县的集镇上已不多见。他的样子让人想起20世纪七八十年代的乡村教师。听了我的问话，三轮车师傅不假思索地告诉我：渔樵奶汤面。之后他又补充说，渔樵奶汤面是邛崃最有名的，也是最贵的，机关上的人都爱到那儿去吃。他又单手把着车龙头，腾出另一只手来指给我看街对面那家并不气派的面馆。他还自言自语地说："两元钱一两，吃二两又不够，我才不去吃呢！花五六元钱吃一碗面，就可以吃一顿饭了。"
他说这话时，语气有些怏怏的，那意思是：我是有钱
人，那样的奶汤面是我这样的有钱人才能吃得起的。
下得车来，我付了预先谈好的三元钱车费，他友好地
向我道了声谢，谢谢我照顾了他的生意，他的言语和
表情都是真诚的。

文君井公园收五元钱门票。我想起脚踏三轮车师傅刚才说"有一阵子进公园不要钱，他也常去里面喝茶"的这句话。觉得五元钱的门票比起众多的公园来，实在是便宜得心慌，但五元钱却将刚才的脚踏三轮车师傅挡在了公园门外。

进入公园正门，旁边与文君井遥相对应的是一琴台，琴台与文君井之间有一斜长的水池。水池里的一百多尾锦鲤分成几片静静地沉于水底，安静得令我吃惊。它们像这个季节沉入水底的红叶一般，彰显出一种恬静的好来。临水的琴台亭内置一古石琴，亭的台柱上悬挂着一副对联，上联是"台前月古琴无弦"，下联为"井上风疏竹有韵"。我知道这是典用汉代司马相如与卓文君凤求凰的爱情佳话。紧邻文君井便是"文君茶肆"，茶肆门前宽阔的平坝里几棵杨柳、石榴、槐树和黄桷树杂生着，形成很大的浓荫。浓荫里几张简易的木制茶几稀稀落落地摆放着，旁边正好可以看见斜长水池里的锦鲤。

我坐在一把竹椅上，系着白色围腰的茶博士走过来问我喝什么茶？我说自己有茶，只要开水和茶碗，多少钱？他说两元。他利索地拿来茶碗，续上开水，收了钱，灿灿地笑笑，走了。他的笑容没有一点卑微，我又一次感到眼前一亮，像刚进公园时看到水里的鱼一样。这是一个五十开外的茶博士，应该经历过了好多的社会世故人情，还能有这样的笑容，我对文君茶肆突然地起了好感。再看那些鱼，还是那样静静地沉于水底。轻轻的一阵风，槐树枯黄的叶子纷纷飘落，茶碗里的绿茶这时已经完全地发散开来，清清的汤色浸泡着我的心情。

许多次我带着女儿去成都的公园看鱼。每一次都是未等我们走近，成堆的硕大的锦鲤张开大嘴昂着头向我们疾速游来，溅起的水花逗得女儿乐不可支。水里竟然没有一条安静的鱼。那些用来观赏的锦鲤，在我的心里本来应该是娇小玲珑的宠物，不知怎的就长成了一尺多长的大鱼，背上的花纹也红得发黑，就有了凶恶的感觉，凭空生出一些恐惧来。现在想想，成都那些水池旁边全都陈设着一个卖鱼饵的窗口，卖鱼饵的商家把水池里能够让鱼吃的东西全都打捞干净，将鱼饥饿着，专等游人来买鱼饵。他们为了兜售鱼饵，居然想出了将鱼饵装在奶瓶里的招数，儿童便能拿着奶瓶喂鱼。我的女儿就很喜欢拿着奶瓶喂鱼，我担心她被那些饥饿硕大的锦鲤拖下水去，就诓她说：如果不买奶瓶里的鱼饵，添一元钱可以买三包塑

料袋里的鱼饵，女儿哪里肯依，还是闹着要拿着奶瓶喂鱼。游人娇惯了鱼，时间一长，鱼便知道游人就是饵，哪里还能安静得了，天天都盼着人的脚步，再也没有闲心戏游于水，活出自己的高贵。

这个深秋的下午，我静静地坐在邛崃文君井公园里喝茶，心里盈满了暖意。原来，旁边斜长水池里安静的锦鲤和系着白围腰的茶博士的坦诚笑容，就是普照我的阳光。

科技与生命

　　像往常一样泡上一杯绿茶，三泡下来，心里全然没有往日的感觉，茶水与心绪一样寡淡。昨夜的往事，又浮现出来，如钢板上铭刻的印痕——坚硬，真切。

　　晚饭前，朋友杨羊打来电话，声音急切并充满慌乱和无助："华西有熟人没有？弟弟农药中毒，现正在赶往华西的山路上，深深感谢！"我听明白了朋友的意思，但电话中没有细问究竟。放下电话，我便忙着到处搜索与华西医院有关的关系。我不是爱管闲事的人，但人命关天，虽与杨羊没有多少交情，人命总不能因我的怠慢而休矣，我宁愿欠下人情也不能让我的心得不到安宁。

　　我在华西医院急诊科门口等待了十多分钟，杨羊一行才到。中毒者立即进入输液、抽血、化验等救治程序。中毒者是杨羊的胞弟，今年三十一岁（估计其妻二十多岁），汶川农民。前几日小夫妻发生口角，岳父母参与其中并发生斗殴，杨羊弟伤及皮肤，弟媳逼急喝下农药，并拿着剩下的农药准备让丈夫也喝下一同去死，弟一偏头，药倒在身上并顺着流下浸入伤口，双双中毒。弟媳送往省医院抢救无效死亡。昨天，弟媳的骨灰送回汶川农村山上，弟弟从汶川送成都华西医院救治，弟媳的死讯还瞒着生命垂危的弟弟。

他们中的毒是一种叫"百草枯"的锄草剂，这种农药一旦喝下，全世界都不能医治，中毒的人也会像地里施过药的草一样慢慢枯死。这个事实杨羊的弟弟是不知道的，并且还要瞒着他一直到生命结束，不知总比知道好一些，不知道就有活着的希望。

杨羊拿着毒素已经侵袭肝肾的化验单，看着躺在病床上三十一岁、生命还很鲜活而浑然不知的弟弟，眼眶盈满了泪水，无奈无助充盈所有的表情。而且要眼睁睁地看着这个鲜活年轻的生命在半个月以内心肝肺肾脾俱损后留着唯一清醒的大脑而死去，杨羊及杨羊的亲人们必须面对这个残酷的事实。医生无奈地安慰说："唯一可活的希望就是他自己听天由命的个体差异。"我默默站在一旁，无法安慰痛苦又绝望的朋友。

好端端的山村农民，日出而作，日落而息，种地薅草，天经地义，祖祖辈辈都是这么个活法。有土地就会生长庄稼和杂草，人们用科技的手段只准土地长粮食，不许长杂草，农民为什么不需要到地里薅草呢？科学技术该不该尊重自然？我回答不了。

今晨，杨羊选择了带弟弟回汶川。

我又重新泡了一泡茶，并特意选择了玻璃杯子，看着绿色的嫩芽在水中上下欢腾，享受她复活的喜悦，然后静静地沉入杯底，我便也安静了许多。

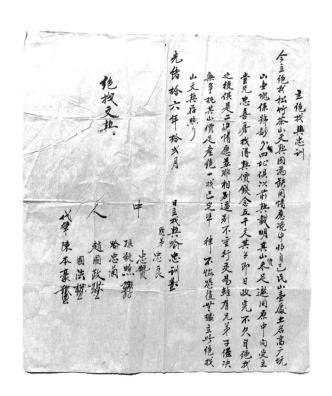

故纸茶情

　　一代大才子唐伯虎的理想生活是"买得青山只种茶"。我有一次赶集淘到光绪年间（1875—1908 年）一张赎回茶山的民间找契。真想穿越时空去看看那时的茶山和这个家族的命运。

立绝找契①忠训

今立绝找松竹茶山文契。因为缺用，情愿（挽）中收自己民山壹处，土名高广坑山壹块，系号亩分四址，俱以前契载明。其山价未足，邀同原中，向受主堂兄忠喜房，找得契价钱念五千文，其钱即日收完不欠自绝。找之后俱是二边情愿，并非相逼，别不重行交易。虽有兄弟子侄，决无争执。其山价足产绝，一找已定，准律不悔。恐后无据，立此绝找山文契存照。光绪拾六年拾式月□日立，找契喻忠训鉴。

---

①土地买卖用语。土地已经卖出，原业主以卖价过贱为由，向买主找索补价。于得获补价后，原业主应立"从此卖绝"之文契，称为找契，也称找绝契。除土地买卖外，诸如房屋等不动产买卖也同样有找契之例。

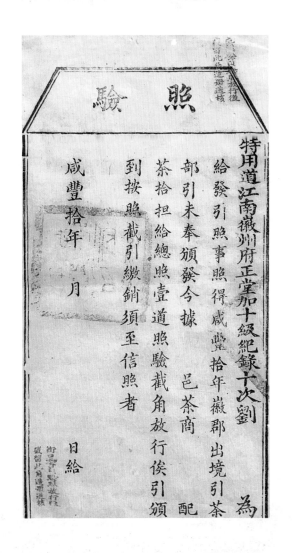

特用道江南徽州府正堂加十級紀錄十次劉　為

給發引照事照得咸豐拾年徽郡出境引茶

部引未奉頒發令據　　　　　　　　邑茶商　　　配

茶拾担給總照壹道照驗截角放行俟引頒

到按照截引繳銷須至信照者

咸豐拾年　月　　　　　　　　　　　　　日給

照　　　　驗

茶　引

　　新入手的"茶引"，如获至宝，心怀欢喜。这些宝贝也都不是能简单用钱财来衡量价值的，是个人庙堂里的圣物，支撑精神世界。

"茶引"指旧时茶商纳税后由官厅发给的运销执照。上开运销数量及地点，准予按"茶引"上的规定从事贸易。茶引法是宋代茶叶专卖法的一种。"茶引"是茶商缴纳茶税后，获得的茶叶专卖凭证。茶商于官场买茶，缴纳百分之十的引税，产茶州县发给"茶引"，凭此引贩运茶可免除过税。这种"茶引"，类似现代的购货凭证和纳税凭证，同时也具有专卖凭证的性质。

吴元大茶庄印花封口

本庄始创杭州以来以历数十余年，专办龙井以及各种异品名茶，徽杭黄白佳菊兼制西湖藕粉，各货精益道地，发行中外，久远驰名。不料近来闽粤关东

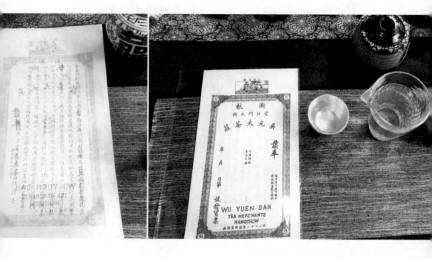

等省屡有无耻之徒，百端巧妙希图渔利，或已拆包偷分，或以劣货掺和，暗中沿门兜售，冒充散印，欺骗顾客，有坏本号名誉。故于辛酉春每包粘贴品茶图印花封口，今又包内增多子图招仿为记，以杜蒙混之弊。迩来邮政交通最便，倘蒙赐顾，仰乞交邮代购，原班回件，最为快利。倘顾客有迢递之虑，亦可货到随局代收货银。此实以杜假冒而利名誉耳！壬戌冬月吴元大茶庄谨告。

吴元大茶庄，位于杭州望江门内，1919年由安徽歙县人方祖寿开创，是当时杭州十分出名的老字号茶庄，所经营的茶叶物美价廉，品种丰富。首创茶叶邮包业务，先在辽宁打开销路，而后扩大到山东禹城等地，及至津浦、胶济、陇海等铁路沿线各城镇的一些茶店。大销路茶叶有中低档旗枪，还有茉莉、玉兰、桂花窨制的花茶以及白茶"寿眉"。

由于当时茶商多而杂，茶叶也有较多假冒商品。为了树立自己的品牌，提升茶庄的知名度和美誉度，以及打击假冒伪劣，吴元大茶庄通过创立画面生动的"多子"商标等多种手段，示立了自己的形象，不仅彰显了自己茶庄的经营品质，而且起到了积极有效的宣传作用。

　　吴元大茶庄于 1953 年停业。此张吴元大茶庄印花封口票发行于民国十一年（1922 年），是该茶庄早期经营的实物见证。

　　每个人的愿景和动机都不同，我的动机很简单，因为喜欢，所遇即是机缘。

茉莉香片

　　寥寥一行字"茶叶花茶五斤。大同春茶号"，落尽多少尘埃啊。时间、地点、人物才是最终的命运三原色。所有的故事洗尽铅华之后剩下的无非是这一行字里浓缩的"一地、一店、一人"的空旷辽远。许多次，在恍惚之间，我都想在我的导航里输入"民国大同春茶号"这样一个精准的地理坐标，然后它便可以带我穿越过去，回到民国时期（1912—1949 年）去看那个茶店。可时光早已过去，回路封死，恍然如梦。

　　偶尔会淘些故纸。慢慢翻，慢慢读。

　　香片是花茶的别名。作为茶叶的出产地，传统四川人却大多习惯喝花茶而非绿茶。最近淘到的民国年间票据，所购茶叶均为香片和茉莉花茶。成都人喜欢喝花茶，但花茶的发明却并非出自四川人。四川的茶铺在清代得以大规模发展，清代的四川当然也是满族旗人的天下，康熙年间（1662—1722年）还在城中建了一座少城。那么，京人爱喝的香片和后来川人爱喝的茉莉花茶是否也有关联呢？是不是也如张爱玲的《茉莉香片》中的那句"吃了一个'如果'，再剥一个'如果'"呢？

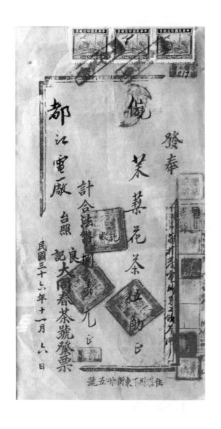

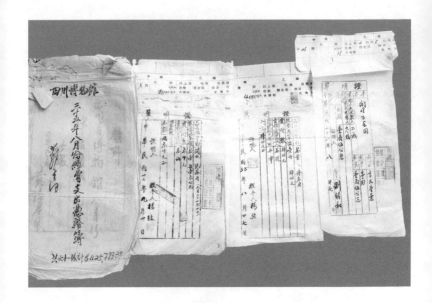

四川博物馆采购票据

　　四川博物馆在1940年开始正式筹建，至1941年建成，馆址在郫县东岳庙，到1945年迁至皇城明远楼，1949年改名为"川西人民博物馆"。我淘到的这几份关于"茶叶""香片"，甚至于泡茶用的"开水"票据，时间跨度在民国三十五年至民国三十八年（1946—1949年），正是四川博物馆建设期间开会招待用的花费。我们可以从票据上单价的逐年变化看出当时物价的飞涨。小小几片纸，却可以折射出当时跌宕起伏的社会大环境。

良　佐

　　良佐，仕宠公次子，字用斋，明万历丁酉科岁贡生，授广东惠州府归善县丞。时多草窃，勤心防御，绰有惠政，擢升知县。俗有积蚌，辄服长命草，以报公。公知其弊，常以明油雨伞日下照尸，腹青者即是服毒。每于争讼理亏者，罚砍大茶叶树，并蒂即俗呼长命草也。视事轻重，或千斤，或万斤，堆架堂上，干则焚之。数年以后，茶种几绝，民呼为李青天，载入邑志，有传。

文中提到大茶叶树并蒂者有极毒，这是什么样的大茶叶树？

茶叶树并蒂，是有毒的，吃了永生，所以叫作长命草。文字中后来官府判罚砍完所有这种大茶树，而且所判案官被称为青天。

按近现代茶叶树种划分，书中所指大茶树，应该不是指近现代科学分类中的茶树，而是山茶科大类或山茶属大类。比如杜鹃花在古代也称为茶，清末，大约1800年左右才把茶从杜鹃花大体系中分划出来。

《中国茶经》里的川红工夫

　　《中国茶经》有无数版本，从版本角度上讲，颇为壮观，这让许多"经"典都望其兴叹。在中国文化里，茶是偏休闲娱乐、轻意识形态的生活禅，有良好的群众基础，这也是《中国茶经》能广泛流传的一个重要原因。

　　《中国茶经》虽然有这么多版本传世，但内容上大体相同，只是在个别字句或表述上稍有不同。例如由陈宗懋教授主编的1992年版的《中国茶经》和2011年版的《中国茶经》所说的川红工夫红茶便有所不同。1992年版本中，川红取名颇有意思，"宫殿"牌、"节日之夜"牌，颇有20世纪50年代的中国韵味。文中还提到1979年首批川红以每吨7320美元、高于国内同类红茶的价格销往国外。2011年版本中，则对此一笔代过。

　　《中国茶经》版本的不同更多的是体现在典型版本背后的撰录掌故，其人、其事在今时看起来也颇为好玩，所以有价值。今人做事多是没故事的，所以相对来说就略显寡然无味。

锦灰堆

如果有一天，不再有微信、微博，和这一切的窗，你会到何处找我？我，又会在何处等你？

——题记

　　微博是一群陌路人，天各一方却互相关注，渐成熟人；微信是一群熟人聚在一起，渐成陌路。微博是虚拟世界，上面的人原本不相识，唯有看文字，渐渐发觉志趣相投之处；微信是现实世界，上面的人似乎都认识，也是通过看文字，才发觉有些人其实压根儿就不认识，或者说不完全认识。（2019年1月6日）

微信就像个小笔记本，记下零碎的时光，许多日子之后翻出来，回想当时的味道，像品一盏茶。（2019 年 1 月 22 日）

很久很久以前，我们没有短信、微信。木心说："从前慢。车，马，邮件都慢，一生只够爱一个人。"那时候一封信在路上的时间，足够我们现在演完人生三部曲。在人生的十字路口上，是打马扬鞭风驰电掣，还是坐看云起闲庭信步，是个问题。（2019 年 2 月 22 日）

曾几何时，"不在"已经成为一件非常奢侈的事情，我们更习惯于"在"，或者不得不习惯于一种"被在"。有没有觉得，世界因此变得特别局促，永远是当面锣对面鼓的喧嚣。缺了遁形的自在，更缺了退隐的超然。（2019 年 4 月 6 日）

生活似乎也是如此，就像那好茶慢煮，生活的滋味常常也需要我们让脚步慢下来，用一颗安静的心方能细细品出那一份涩里微甜。（2019 年 4 月 29 日）

冈仓天心在《茶之书》里这样写道："茶道，它是一种温柔的尝试，试图在我们所知的生命无穷尽的可能中，来成就那些微小的可能。

我想，正是因为这样一种简单的温柔的试探，才让我们日复一日平凡的生活有了诗意的美。我们都知道，现在这个时代节奏多么快速，然而越是匆忙，越是需要这样的时刻。（2019 年 5 月 9 日）

只要我们静下心来就能知道，也许简单到只需要一杯茶的时间，生活便可以变得美妙起来。在匆忙的日子里，放慢步调，安下心来，喝几口茶，读几页书，当下那一份专注，是某种认真生活的恰到好处的考究，这也恰能透露出我们在生活中的某个时刻，内心的清净和精神的满足。（2019 年 7 月 9 日）

也许有时候你会情不自禁地去谈论许多喝过的茶……

我总告诉朋友买新茶送朋友，每次一点便好，他们总笑我傻。我莞尔一笑。情谊之事，就是"千里送鹅毛"，贵在相念，什么故事啊、情怀啊、工艺啊，过分讲究了反而成了累赘。茶大概是最能诠释中国文化

的一款伴手礼，只是采着、头着谷易发味。（2020年3月18日）

尝鲜，且将新火试新茶。2020年头采老川茶。干茶绿中泛黄，有炒黄豆的甜香。沸水，高温冲泡，三克，蚕豆花香中兼兰香明显，香气清雅。茶汤清甜，气息纯净，回甘明显。盖碗泡，第四泡后，滋味变淡，仍有余香。2020年开局的新茶，品质优良，值得期待。（2020年3月29日）

人的嗅觉习惯很奇怪，喜欢的味道就不会忘记，即使无形，也能刻入骨髓。上年的新茶味儿你还记得吗？（2020年3月30日）

微信、微博争先恐后到处在晒新茶。无论茶商茶农，晒的已不单纯是茶了。晒的是集体焦虑与不甘心？晒茶的套路几乎都是爬了几天山，包了几棵树，做了几斤茶，这茶多么来之不易，大家一定要珍惜。如果对茶没有深入的了解，那么越晒会越证明自己的浅薄。茶区早已设定好圈套，在准备围猎呢。（2020年4月1日）

　　茶生活是种态度，不应该是一种信仰。茶汤一口口喝，由浓至淡，犹如生活中的事一件件地处理。认真喝好每一口，认真面对每件事。喝到好茶就好好珍惜，喝到不好的茶你就多一份对比出好茶的经验。尊重自己的感受，不要强加自己的想象。保持对茶的

喜爱和对好茶的追求。这一杯杯喝下来，把生活的路一步步走下去，不卑不亢。（2020年4月2日）

喝茶，要形成长期的习惯，其保健价值才能体现出来，其间，还要学会健康地去喝，才不至于伤害到自己。看到一些宣传，喝安吉白茶补充氨基酸，喝福鼎白茶补充黄酮，喝紫芽补充花青素等等，又治疗什么病等等。说真的，这都是无知、乱来。补充那点微不足道的氨基酸，不如吃肉；补充那点管不管用的黄酮不如吃香菜；补充那点花青素不如吃紫薯等等。为了卖点茶，沦落到胡说八道还振振有词，真没意思。（2020年4月6日）

海参，暴露出了严重的农药问题，打破了我的认知。真没想到。同样，夏秋茶，甚至某些茶的农残问题、草甘膦问题，一点也不逊色。大家还记得小罐茶的问题，当时为什么会暴发？掩盖的就是某个地区的草甘膦问题。小罐茶，当时就是个背锅侠。不多讲了，大家还是要记住：多喝茶，喝好茶，喝淡茶，早春、晚秋的茶相对安全。（2020年4月21日）

极致茉莉花茶的制作，是一出缠绵而执着的人间悲喜剧。需用人间四月天采摘的茶，等着含苞在三伏酷暑天午后的茉莉，茶将茉莉迎进神圣的道场，等待茉莉盛开在深夜时分。直至数窨，茉莉抱着茶与茶交融一体，将香一次次渗入茶的魂灵，炼成了极致的香。（2020 年 7 月 12 日）

一位茶友很羡慕地对我说："你们什么好茶都喝过了，一般的茶都喝不下去了吧?"我苦笑着说："卖茶的人不是消费者心态，什么茶都要喝。如果只喝好

茶，还怎么分出茶叶的等级呢？最难喝的茶也喝，这样才能判断等级价格为茶友服务。"他说："为什么大师们从箱子里拿出来的都是顶级好茶？"我说："那不是茶，是饵。"（2020年7月16日）

我比较害怕"错失"，这样一个非常不好的思维习惯，也会时常代入我所做的事情中，我总是尽我所能去做好。后来，终于明白，遇见的自会遇见，错失的终将错失。（2020年7月19日）

我对植物的钟情，是和我对它们的观想有关。草木是比我们低等的生物，自然是没有我们活得百转千回。按岁枯荣，毫无悬念。只是简单有简单的好处，遇到大是大非的时候不需要拐弯抹角，非常决绝地就认了命。是一根筋，选择了忠诚，就不会生出背叛。（2020年7月23日）

好的茶，笑眯眯的，不唐突，不彰显自己，暗暗在后面散着香。不提起的话也就当开水喝了，遇到相识的便如知音相遇，反复品味，忘了时间。这好茶的一生到最后都是从了缘分，无缘则利利落落干干净

净地走，有缘则和光阴争短长瞬间精彩。世间事皆应如此！（2020 年 7 月 25 日）

好茶是可以还原它周遭的环境和山场的。一次好茶相聚，一位茶友兴奋地说喝了茶汤，感觉到蓝天白云朵朵，一望无际的芳草依依，一下子被感动到了。我问：这个茶是哪个牧场产的？（2020 年 8 月 1 日）

制茶师傅对我说，茶是要自己喝的，总要做到最好，才安心。在茶香和花香之间找到最温润的调配，真不知道这一款白茉莉，他反复试做了多少回。受疫情影响，制茶师傅问我，已经入伏，白茉莉今年还做吗？我说，做。爱的人依然会爱。需要的朋友，还请留意。感谢！（2020 年 8 月 2 日）

"如果你停止，就是谷底。如果你还在继续，就是上坡。"这是我听过关于人生低谷最好的阐述。（2020 年 8 月 6 日）

我真很后悔开了茶店，因为她让我变得很玻璃心。会担心茶的品质不好被人默默不屑，会在意每个茶友对茶店的评价，会害怕让远道而来的朋友失望，会担心茶店在疫情面前倒下。我变玻璃心，是因为爱，就像爱女儿一样，害怕她受伤，害怕她不幸福，所以，就会更用心爱。我说后悔，没有骗诸位，只是因为茶店的幸福，更强烈地盖过后悔而已。我告诉朋友，只要茶店这个行业在，我要在，茶店要在，一直在，你们都要在。（2020年8月16日）

里尔克说："哪有什么胜利可言，挺住意味着一切。"这句话用来说茶店，太悲观；用来讲人生，太苍凉。不过"挺住"二字，很珍贵。往往希望，都是因为挺住，才有光。（2020年8月23日）

哪有什么背水一战，不过是沿途小站。路还那么远，放宽心，踏青云，且笑看。

若久长，天长地久，若艰难，终将自然而然。无论难易，都会用心用力。我常常对茶友说：谢谢你的支持，让我们可以活得更久。这不是一句矫情的话，而是发自肺腑。情深处，是执念。（2020年8月26日）

陶渊明的诗里不只有田园，也有不少怅惋："人生若寄，憔悴有时。静言孔念，中心怅而。"成都，雨天。喝茶，读书。（2020年8月29日）

燕露春二十年，浮生悠悠

浮生悠悠，我们如何生活？读的书，明的理，受的教养，最后无非都要落在这个支点上。

燕露春茶店二十年，一生里的最重要年岁和它重叠，渐渐融为一体。习一业安生，筑一城终老。放在我身上，都是最好的注脚。下一个十年、二十年也许很快就过完了。当人生开始以十年为期计算的时候，会变成另一种意味。

许多朋友让我把朋友圈的文字整理成册，可一遍梳理之后，只留下寥寥数段，其他的我觉得就应该让它们逐渐褪色，逐渐淡去，以至遗忘。取舍之间毫无痛感，有的只是前行的快意，如竹杖芒鞋，吟啸徐行。

也有朋友问，什么时候在我们的城市开一个燕露春分店？我都委婉谢绝，资金是重要原因。但更核心

的原因是，我害怕佛样燕露春的"味道"。

　　燕露春在这里二十年了，我知道每一种类的茶在哪里，知道老朋友们喜欢什么样的茶和茶会。几乎不怎么变的店员就像"家人"一样等着朋友来访。熟悉的路，熟悉的灯，熟悉的味道，熟悉的花儿开了又谢，没错，这种熟悉让人迷恋，迷恋得舍不得半点改变。

　　我害怕茶店大了，没有精力专注茶的品质，让爱茶人失望。我害怕茶会多了，没有时间打理茶会，让分享者和参与者感觉不好。我害怕我只是一个卖茶的而不是像朋友一般的存在。

　　因为小，所以更容易美，也因为小，可以首尾相顾，从容一些，自得一点。在疫情来袭的2020年，燕露春算是暂时熬过来了。很多朋友问：你们怎么挺过来的？我真的只想说：好好对茶友，好好做茶，在最困难的时候，他们都会回报你。没错，只有来茶店的茶友越来越多越来越纯的时候，茶店才更有生命力。疫情之下，我们坚持不发求救信号，不是清高，是在这个当下，比一家茶店更水深火热的店铺和企业，比比皆是。人人都在困境中央，同情无处安放，我们坚持奋力一搏，因为热爱，热爱这家茶店如同自己生养的孩子。我想一家茶店，无论线上线下，不应该仅仅是个单纯的茶叶零售机构，应该有温度、有智慧。比起"盲选"购茶，我们想用"回应"的方式，为你选茶，力所能及地经营，安安静静地存在。希望朋友们能把我们推荐给你的朋友。每一位茶友都是朋友，被大家爱着，茶店会一直明亮！事实证明，在慢慢又漫漫的茶店路上，燕露春像一只蜗牛，一路欣赏着风景。

茶店虽然小，但我们很努力地在精心选茶的基础上用心推荐茶。一个月总有几场雅集，涉及各个领域。开店至今，二十年，各种雅集的呈现，成为燕露春的风景。

开大茶店，开连锁茶店，不是我的志向。但在小而美的基础之上，尝试着更多可能，发现着更多有趣，是我们永远不变的目标。从容，自得，小家子气的可爱，有趣，活跃，讨我喜欢的呈现。这便是燕露春的乐趣。

朋友们都笑我"副业卖茶，主业打杂"。我和茶友之间维持着非常简单的关系，没有刻意的逢迎，也没有诱惑似的回报，真正是那句话——"君子之交淡如水"。茶是我们最大的交集，茶友们信任我所推荐

的茶。这是很大的情分。

燕露春二十年，浮生悠悠。这本《小日子茶》能得以出版，我自然快乐。快乐其实并不重要，重要的是我应知感恩。感恩那些帮助我的人，感恩那些关爱燕露春的人。

2020 年 9 月 1 日于燕露春